しずおか

港町の海ごはん

海ごはん食べ隊が味わいつくした
「海ごはん」の一覧です。
それぞれの地域のお母さんたちや地元の料理屋さん、
時には漁師さん自らが調理してくれました。

写真　高橋秀樹

かきまわし（舞阪）　P10

おひら（舞阪）　P10

勝手巻（舞阪）　P10

お日待ち御膳（舞阪）　P10

青ノリの味噌汁（新居） P15

青ノリの板海苔（舞阪） P15

カキ（新居） P22

佃煮（入出） P27

カツオの刺身（御前崎） P34

出世丼 スズキのフライ（新居） P27

カツオ飯（焼津）　P42

カツオのなめろう（御前崎）　P34

シラス丼（用宗）　P50

カツオのハラモ（焼津）　P42

サクラエビの沖あがり（由比）　P58

漁師の沖漬け丼（由比）　P58

ヒイラギのつみれ汁（由比）　P68

ヒイラギのはんぺん（由比）　P68

アジ寿司（内浦）　P76

アジフライ（内浦）　P76

ナノリのふりかけ（内浦）　P81

ソウダガツオのウヅワ味噌（内浦）　P81

トロボッチのフライ（戸田） P88

タカアシガニ（戸田） P94

オニメンカサゴの刺身（戸田） P88

ホウボウの刺身（戸田） P88

ギンマトウの刺身（戸田） P88

ユメカサゴの刺身（戸田） P88

ヒジキの煮物（土肥）　P102

トントンメ（土肥）　P102

カツオ節（田子）　P110

イソナの味噌汁（土肥）　P102

イカ様丼（仁科）　P122

潮ガツオ（田子）　P115

夕日丼（仁科）　P122

イカス丼（仁科）　P122

ところ天（仁科）　P122

イカ刺の肝あえ（仁科）　P122

川ノリ（松崎）　P130

サンマ寿司（松崎）　P130

キンメダイ　頭煮付（須崎）　P138

キンメダイ　寿司３種（須崎）　P138

チンチン揚げ（富戸）　P146

ジオ丼（富戸）　P146

まご茶漬け（富戸）　P146

ソウダガツオぶったたき（富戸）　P146

新居にて。カキ漁から戻ってきた舟。作業場の裏手が船着き場になっている。

新居のカキ作業場で殻を剥く
おばあちゃんはこの道70年。

新居のカキ作業場の船溜まり

舞阪の「浜のレディース」はあったかくて
底抜けに明るい漁師のおかみさんたち。

浜名湖のアオノリの養殖は、
冷たい湖に入って行う厳しい仕事だ。

焼津のハラモ燻製は手作業で
丁寧に作られている。

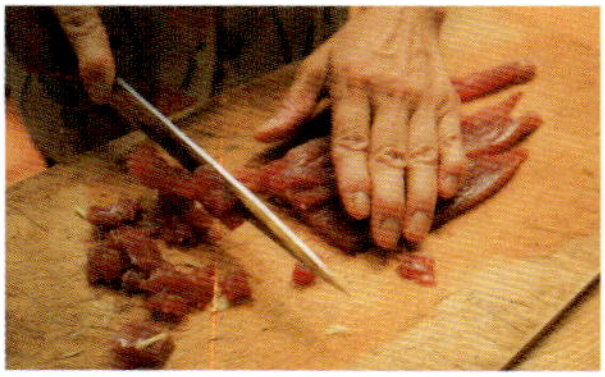

カツオ飯を作ってくれた東出さんは、
料理上手な焼津のお母さん。

一瞬でカツオを選別していくのも
プロフェッショナルの仕事だ。

由比のサクラエビ漁は夕方から出る。
獲れたてのサクラエビは透けるような美しさ。

内浦では漁協の女性が
アジフライを揚げてくれた。
養殖は内浦の誇る技術だ。

戸田の底曳き網船が夕方港に戻ってきた。タカアシガニの他にも深海のカニが見える。

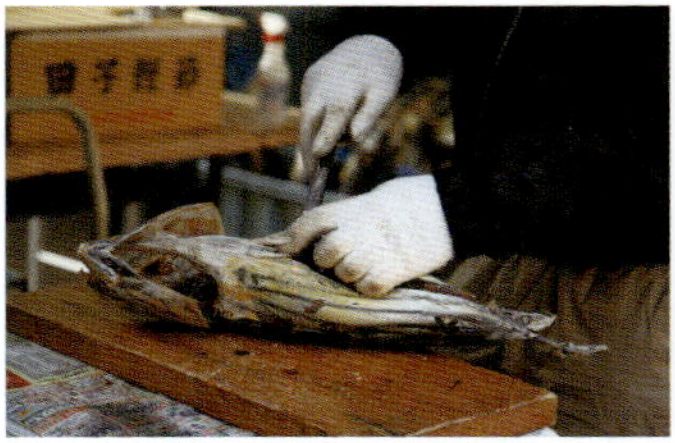

田子の潮ガツオの工場からは、いい香りが漂っている。

仁科は小さくて
静かな入り江。
風情ある港だ。

川ノリは那賀川と岩科川の
合流する河口近くで採れるが、
最盛期は二週間ほどと短い。

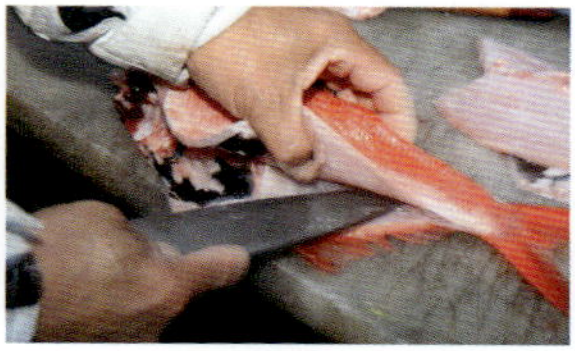

冬の須崎港。
夕景が美しい。

富戸の定置網にシイラの群れが光っている。この日はマンボウも獲れた。

定置網漁（富戸）

しずおか　港町の海ごはんプロローグ

ぼくは、これまで全国あちこち旅をしてきた。いろんな旅先で一番ワクワクするのが港町、漁師町だ。なぜかって？　港に揚がった魚で一杯飲るのが楽しみだからだ。たいていはビジネスホテルなどの安宿に荷を下ろしフロントで「この辺りに地元の常連が行くような魚のうまい店はない？」と聞く。〝地元の常連〟を一言加えないといけないし、加えることによって「さあ？」と返されることも間々ある。あとは鼻と勘だけだ。

そんな舌の記憶を少し。

たとえば、北海道厚岸の小さな居酒屋のオヤジさんが、脂で滲んだ新聞紙の包みから出して焼いてくれたシシャモには驚かされた。産卵期のシシャモはみごとなピンク色をしており、腹もぼってりして「えっ、これがシシャモ⁉」と、むっちりした食感と旨味に驚いた。普段、居酒屋で食べているシシャモが海外から輸入されるキャペリンという別物だということも知った。

あるいは西伊豆の松崎町石部にある棚田を訪ねたときのこと。ひょんなことから未明の定置網船に乗せてもらい、漁の後に「持ってけ」と漁師がくれたのがソウダガツオだった。その日、黄金色に実った棚田を歩き、民宿の女将がつくってくれた竹の皮の弁当を開くとオニギリと一緒にソウダガツオの塩焼きが入っていた。初めて食べたが、素朴でどこか懐かしい味がした。

また沖縄の西表島の民宿で出されたイカスミ汁には驚愕した。お椀の中がまるで墨汁なのだ。鼻を近づけると磯の香りを凝縮したような強烈さがあって「うっ」となる。箸で椀をまさぐると出てきたのはゲソと豚肉。おそるおそる口をつけてみると、見た目の異様さに反して旨いのだった。沖縄では、このイカスミ汁を〝クスリ〟と呼ぶ、薬膳料理だということを知った。

静岡県の海岸線をつらつら眺めてみるとじつに長い。伊豆半島から浜松まで５０５キロある。浜名湖の湖岸線１４１キロを含めると、総延長は６４６キロにも及ぶ。その長大な海岸、湖岸線には大小49港もの漁港があり、全国でも指折りの水産県である。

これだけ長い海岸線や湖岸線を持つのだから、それぞれの漁師町ならではの郷土の

しずおか　港町の海ごはんプロローグ

〝海ごはん〟があるのではないか。それを食べてみたい。海辺の食文化から、日本人の海に対する思いや海の恵みを生かすための知恵や工夫を学べるのではないか。

かくして、食いしん坊のライター、イラストレーター、編集者が集まって〝海ごはん食べ隊〟を結成、「いざ、食べゆかん!!」——というのが本書の事の始まりである。

しずおか　港町の海ごはん　目次

目次

ヒイラギの
ハンペン
サクラエビ
サクラエビ
沖漬丼
沖あがり
アジ
アジ寿司
アジフライ
ナノリの
ふりかけ
ソウダガツオの
うずわみそ
マンボウ
ジオ丼
ソウダガツオの
ぶったたき
チンチン揚げ
まご茶漬
富士川
狩野川
由比港
内浦港
富戸港
戸田港
土肥港
田子港
仁科港
松崎港
須崎港
トコトコ
ヒジキ
の煮物
イソナの
みそ汁
タカアシガニ
深海魚
キンメダイ
頭煮付
寿司
かつおぶし
潮かつお
イカ
イカ様丼
ところ天
サンマ寿司
川ノリ

しずおか
青ノリの板海苔
おひら
佃煮
勝手巻
カキ
お日待ち
脚膳
シラス
シラス丼
カツオめし
カツオのハラモ
安倍川
用宗港
焼津港
大井川
駿河湾
天竜川
舞阪港
遠州灘
御前崎港
海ごはん食べ隊
食べたものMAP
カツオ
刺身
カツオのなめろう
イラストレーター
ライター
タカハシ
編集

浜名湖
1 舞阪港
青海苔の板海苔
アオノリ養殖にたずさわって45年。鈴木平八さん
緑色で、食べるとほのかにスースーするんだよ
わっ すごい 磯の香り!
浜名湖
新居
舞阪
遠州灘
はまなこ里海の会
窪田さん
鈴木さん
忙しい船上で勝手に好きな具とごはんをノリに巻いて食べたのが始まりらしいヨ。
勝手《かって》巻《まき》
漁師のファストフードだ。
うまいぜ
ごはん
この日は煮たにんじん、油揚げ、オカカ、シラスなど
浜名湖産のノリをあぶって使う
DATA
漁協組合員数
475人
漁船数
650隻
陸揚量
4,239t
陸揚額
21億1800万円
主な陸揚魚種
シラス
ノリ
アサリ
カツオ

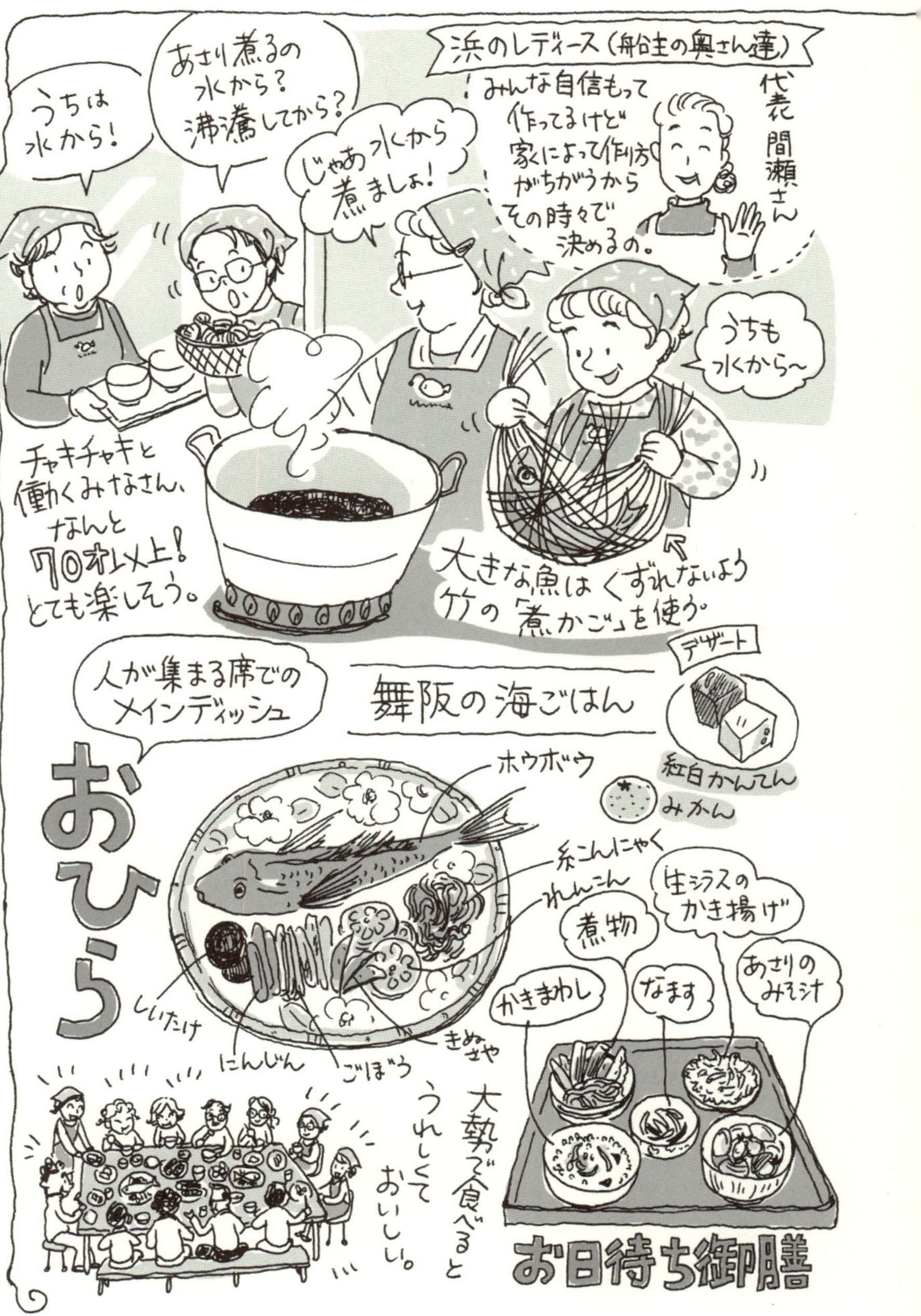

うちは水から！
あさり煮るの水から？沸騰してから？
じゃあ水から煮ましょ！
浜のレディース（船主の奥さん達）
みんな自信もって作ってるけど家によって作り方がちがうからその時々で決めるの。
代表 間瀬さん
うちも水から〜
チャキチャキと働くみなさん、なんと70才以上！とても楽しそう。
大きな魚はくずれないよう竹の「煮かご」を使う
人が集まる席でのメインディッシュ
舞阪の海ごはん
デザート
紅白かんてん
みかん
おひら
ホウボウ
糸こんにゃく
れんこん
しいたけ
にんじん
ごぼう
きぬさや
生シラスのかき揚げ
煮物
あさりのみそ汁
かきまわし
なます
大勢で食べるとうれしくておいしい。
お日待ち御膳

「浜のレディース」参上…舞阪のおふくろの味

「浜のレディース」が舞阪の郷土料理を作ってくれるという。浜のレディース⁉…茶髪でブイブイいわせているんだろうか、ツナギはピンクなんだろうか…などと妄想しながら着いた舞阪港で待っていたのは、胸に可愛らしい魚をあしらったエプロン姿の浜のお母さんたちであった。

代表の間瀬一子さんによると「魚食の普及を通して地域を元気にしたい」と10年ほど前に舞阪の漁師さんの奥さんたちが中心になって結成。舞阪港の朝市やイベントなどで料理を作って出したりしているという。

漁協の小さな調理場では数人のレディースが忙しそうに料理の準備をしていた。間瀬さんに献立を尋ねると「お祭りなどの慶事に食べる〝おひら〟や〝お日待ち御膳〟、浜名湖産のノリを使った〝勝手巻き〟など」だという。

【おひら】

舞阪には旧暦の9月14、15日（新暦では10月中旬）に「大太鼓祭り」という豊漁や航海、家内安全を祈願する祭礼が岐佐神社を中心に行われる。岐佐神社の縁起によると350年以上の歴史があるそうだ。この祭りの期間は漁は休みで、家にお客を招いて盛大に飲み喰いする。そのときのメインディッシュが「おひら」で、魚と野菜の煮付け料理である。

それにしても料理名の「おひら」が気になる。レディースの何人かに尋ねてみたが「昔から、そう言われている」と、あまり要領をえない。いろいろ文献をひっくり返すと『秘伝おふくろの味』（静岡新聞社刊）に「おひら料理」という項目があって、それによると「おひら」の語源は正月などの祝いの膳で使う大きな「平たい皿」のことで、器の名前が料理名になったようだ。

魚は、アマダイ、アカムツ、ホウボウ、イトヨリダイなど、その時期に獲れる白身の魚。野菜は、ゴボウ、ダイコン、ニンジン、レンコンなどの根菜類やシイタケ。それと糸コンニャク。この日の魚はホウボウとイトヨリダイ。その作り方は、いわゆる尾頭付きの魚がまるごと入る鍋にしょう油（1リットル）、砂糖（1キログラム）、酒（2合）、味を調整するための水を入れ、煮汁が沸いてきたら味見。オヒラの味付けは、それぞれの家庭によって微妙に違うようで、レディースは、煮汁を回し飲みして「こんなとこでいいんじゃない」という感じである。
煮汁が沸いてきたら、内臓やえらなどを取って下ごしらえした尾頭付きを、煮崩れしないように竹で編んだ「煮カゴ」に入れて、20〜30分煮る。魚が煮えたら取り出して、その煮汁で、下茹でした野菜やコンニャクを煮る。大皿に煮上がった魚と野菜を盛り付けて完成。鍋に残った煮汁は残しておいて、食べるときに魚にかけるのだという。

華やかな陶器の大皿に盛られた料理は美しくいかにもハレの食べ物だ。「日本人は料理を目でも食べる」とは、このことだ。こういうきれいな料理に最初に箸をつけるのはちょっと勇気がいるが「えいっ」と食べてみると、普通の煮魚である。魚は淡白で、残った煮汁をかけて食べると甘辛くちょうどいい味。魚もさることながら煮汁のしみた野菜がおいしい。うーん、料理はおいしい。でも何か物足りない。何だろう。「やっぱりお酒でしょ」と、海ごはん食べ隊は、淋しくうなずきあった。

【お日待ち御膳】
またしても「お日待ち」という名前が気になる。広辞苑によると「前夜から潔斎《けっさい》して寝ずに日の出を待って拝むこと。一般に正・五・九月の吉日を選んで行い、終夜酒宴を催す」とある。調べてみると古い民間信仰である「庚申講《こうしんこう》」の流れをくんでいるようだ。舞阪では「お日待ちは、正月などに漁師の仲間同士や近所の人たちが一緒に食事をして結び付きを深める行事」(間瀬さん)だという。昭和30年代まで盛んに開かれていたが、現在ではほとんど見られなくなっているようだ。

レディースが再現してくれたのは「お日待ち」のときに出される御膳である。黒い漆器のお膳に、お揃いのお椀が5つ。料理は、地元で「かきまわし」と呼ぶ五目寿司、おひらの野菜煮、シラスの天ぷら、アサリの味噌汁、それにナマス。正月だと、カキご飯やノリなどの旬の幸が並ぶのだという。眺めているだけでも豊かな気分になれる御膳料理だ。

「御膳に使う漆器類も、実は〝お椀講〟といって、昔、地域で共同購入して、みんなで使い回していたものなんです」と間瀬さん。こうした伝統的な食文化を残していこうとする「浜のレディース」の取り組みに、食べ隊一同拍手!である。

【勝手巻き】

さて。「おひら」、「お日待ち御膳」といったハレの料理から、こちらは一転してケの普段食。その名も「勝手巻き」。

「漁が忙しいとき、炊き立てのご飯に、手じかにあるオカカ、シラス、タクアンなどを具にしてクルクルッと手巻きして、そのまま恵方巻きのようにほおばる。みんな勝手に好きな具を巻くから、勝手巻き。ふふふ」(間瀬さん)。

食べ隊の女性陣も、それぞれ好きな具を選び、巻き簾を使って手巻きの挑戦。「やだ、ご飯がはみ出しちゃった」、「わっ、楽しい」――なんともかしましい手巻き風景となってしまった。香り高いことで知られる浜名湖産の板ノリで巻いた勝手巻きは、舞阪の漁師の暮らしを垣間見るような素朴な味だった。

香り高く、ほろ苦さもまた良しの青ノリ

1月下旬。舞阪港に吹きつける冷たい西風に肩をすくめながら、港にほど近い、ノリ養殖歴45年という鈴木平八さん（栄昌丸）の工場を訪ねた。首からつま先まですっぽりとゴムスーツを着込んだ鈴木さんが「今朝は冷えたなあ。まあ、何十年もやっているから慣れているけど、やっぱり寒いよ。水温は10度あるかないかくらいだからね」と鼻水を拭いた。

浜名湖のノリの収穫期は、例年12月～翌3月の厳寒期である。何本もの竹の杭を打ち込んで海中に張られたノリ網まで作業船で乗りつけ、漁師たちは水の中に入って、掃除機のような機械でノリを吸い上げる。その作業は朝6時頃から10時頃まで続く。

「よりによって一番寒いときに摘み採りというのも、きついですね」というと「寒さが厳しくなって、水温が下がらないとノリはおいしくならないからね」と鈴木さん。

収穫してきた生ノリは、乾燥ノリを作る作業に入る。工場の外に置いてあるかくはん機でかき回される。工場内でノリはきれいに洗われ、脱水され、細かくミンチ状に

叩かれる。ここからは自動乾燥ノリ製造機の出番になる。細かく刻まれた生ノリは、ちょうど寿司の巻き簾のような「ノリ簾」に均一に敷かれベルトコンベアーで乾燥機に入っていく。だいたい2時間ほどで温風乾燥され、見慣れた乾燥ノリが機械から出てくる。それを半分にたたんで束にするのも機械だ。

工場に入ると一瞬にしてメガネもカメラのレンズも曇り、少しクラッとした。温度32度、湿度62度である。「乾燥したノリが割れたりしないように温度と湿度を管理している」のだという。工場のスペースのほとんどは大きな機械に占められており、狭い通路で何人かのお母さんたちが、それぞれの持ち場の仕事に精を出していた。「機械が年々大きくなったものだから、人の居場所がどんどん狭くなった」と鈴木さんは笑う。

汗ばむほどの工場内にはノリのいい香りが立ち込めている。強い磯の香りだ。よく家で食べる板ノリとは比較にならないほどだ。というのも一般的に「浅草海苔」で親しまれているノリはスサビノリという紅い色をした海藻で、国内での養殖では千葉県がよく知られ、〝黒ノリ〟と呼ばれる。

一方、浜名湖産のノリは、ヒトエグサという海藻で、沖縄でよく「アーサー汁」として食べられるアオサと同じ仲間である。黒ノリに対して、こちらは〝青ノリ〟と呼ばれる。その香りの良さが青ノリの一番の特徴だ。

浜名湖の青ノリは、乾燥板ノリとしてオニギリを包んだり、巻き寿司に使ったりするというより、市場では佃煮の原料として流通することが多いのだという。

「生ノリで出荷するのは、だいたい佃煮に加工される。たぶん、みなさんが食べているノリの佃煮で、ここ浜名湖産の青ノリが使われている確立はかなり高いと思いますよ。乾燥ノリも、そのまま商品として出回るというのではなく、加工されて佃煮になることのほうが多い。そんなこともあって、生で出荷するほうが手間がかからないから、乾燥ノリをつくる漁師は減っている」と鈴木さんはいう。

浜名湖のノリ養殖の歴史は古く、文政3年（１８２０）までさかのぼる。信州のノリ商人・森田屋彦之丞と、当時の江戸湾でノリ養殖の盛んだった大森でノリ職人をしていた大森三次郎が、舞阪にノリ養殖の技術を伝えたのが始まりである。それから40年後の安政6年（１８６０）には、森田屋によって関西方面への販路が拡大したこともあって、舞阪は江戸・大森に並ぶ養殖ノリの産地になったのだという。舞浜の宝珠院には、浜名湖ノリ養殖の〝恩人〟として彦之丞と三次郎の供養塔が並んで建っており、毎年2月にはノリ漁師などが中心になって供養祭が行われている。

江戸末期に大森から伝えられたのは〝黒ノリ〟の養殖である。以来、浜名湖は黒ノリの産地であった。ところが、昭和40年代後半から50年代にかけて全国的に黒ノリが供給過多になって価格が低迷。さらには浜名湖の水質の変化によって黒ノリの生育不良が続いた。当時、ヒトエグサの人工採苗技術が確立したことも手伝って、浜名湖の青ノリ養殖が本格化したのだという。

「ちょっと食べてみるかい」と鈴木さんが乾燥したばかりの青ノリをくれた。普段食べている乾燥板ノリは黒ノリだから貴重な体験である。色はやや濃い緑色で顔を近づけると濃厚な磯の香りがする。ちぎって食べてみると舌に張り付くような感じがあって味は、香りにたがわぬ独特な磯の味がする。

「ちょっとスーハーしないかい。ハッカみたいに」と鈴木さんがおかしなことをいう。いわれてみれば「そんな感じがしなくもないね」と食べ隊。ただ鈴木さんも〝スーハー〟の正体はあまりよくわからないらしい。

世間で出回っている焼きノリや味付けノリのほとんどが黒ノリであり、それを食べなれている人にとっては乾燥青ノリはかなり個性的に感じるかもしれない。ただ、昔の黒ノリは、もっと香りとか味が濃かったように思えるが、どうなんだろう。実は、浜名湖では、黒ノリと青ノリを混ぜた乾燥ノリもつくっている。その割合は黒ノリ7、青ノリ3くらいの「混ぜノリ」（地元では〝ブチノリ〟と呼ぶ）である。もし、近頃の黒ノリに何か物足りなさを感じる人がいたら、これはぜひ試して欲しい。さっと炙って、ちょろっと醤油をたらし、温かいご飯を包んで食べると、青ノリの香りがフワッと立つ。残念なのは生産量が少なく、ほとんど地元で消費されてしまうことだ。

舞阪港の近くを歩いていると、店先で、摘み採ってきたばかりの青ノリを洗ってビニール袋に詰める作業に追われているお母さんたちがいた。生の青ノリは小売りされており、浜松っ子の冬の味覚として食卓にのぼる。食べ方は、味噌汁や吸い物の具にしたり、さっと湯通しして酢の物にしても食べる。

生ノリを買ってきて味噌汁や吸い物に入れ、玉子焼きに入れ、インスタントラーメンにも入れて食べた。原稿に詰まり、夜半、台所に立ってひそひそと小鍋を沸かし、出汁を入れ、味噌を溶いて、生の青ノリを入れる。フワッと香りが立ち上ってきて、思わず頬がゆるみ、〝ナンクルナイサー〟と、ひとり愉悦に入った。

浜名湖
2
新居
カキ
プリ丸
わーい カキの取材だー!!
ひ〜 どうしよう カキ、嫌いなの〜
しかしっ! 浜名湖で カキに目覚め ましたっ
うっまーい♥
カキ好きの誕生
カキ養殖歴30年 橋爪さんの作業場
88才のお母さんは カキむき70年! 45分で200個むく!
ぷりーん
じゅわーっ
舞阪のカキは さわやかに旨く!
新居のカキは 濃厚な旨さ!
針金
収穫。 フジツボや いろんな生物が くっついてる。

佃煮
野吉
③入出《いりで》
佃煮《つくだに》
店は江戸時代より続く。
5代目
松本さん。
ごはんがススムよ〜
小さい魚は佃煮 ちょっと大きい魚は甘露煮。
入出
アミ
稚アユ
ヒラアジ(ヒイラギ)
ブシ(ハゼの子ども
浜名湖は魚種がとても多い！
手の形
浜名湖は
都田川
ベビーシッターアマモさん
おっきな魚が入ってこないから安心だね〜
浜名湖は小魚たちのゆりかご。
新居
海湖館のカキ小屋
弁天島
舞阪
舞阪港
新居と舞阪は、
近くても言葉や料理などぜんぜん違うらしい。
★例えばカキのむき方も…
新居は平な方が下。
ぐいぐい
舞阪は平が上。
ぐいぐい
海水と淡水のグラデーション…いろいろな環境があるってことかな！

ふっくらつややか、このカキはまるで海のチーズ

歴史上のカキ好き著名人に、フランス皇帝ナポレオン、ドイツ宰相ビスマルク、フランスの文豪で大食漢のバルザック、国内では戦国武将の武田信玄、江戸期の思想家で幕末の尊皇攘夷運動に影響を与えた頼山陽などがいる。〝英雄、カキを好む〟と表現したいくらいである。活力源といわれるグリコーゲンをたっぷり含んでいることや、水のないところでも1週間は生きるほど強い生命力を持っていることと何か関係があるのだろうか。それに〝カキは当たりやすい〟ともいわれる。カキにはハマグリやアサリとは違う〝何か〟がある。

カキ養殖は広島、宮城が二大産地だが、北海道から九州までおこなわれており、静岡では唯一浜名湖がマガキの産地だ。生産者数は新居、舞浜、庄内、雄踏を合わせて30人弱。全国シェアは1％にも満たないが、身が大きくて、重く、コクがあっておいしいと評判のカキである。

浜名湖でカキの養殖が始まったのは明治20年で、ウナギの養殖より古い。当時、東

海道線の鉄橋工事の際に橋脚の基礎部分に多くの捨て石が使われた。それらの石に天然ガキが育っているのを見た舞浜の田中万吉という25歳の青年が、カキの養殖を思いつき、幼ガキを拾い集め、鉄橋近くの一角に10坪ほどの養蛎場をつくったのが事のおこりである。大正、昭和と時代が下るにつれて養殖業者が増えていったのだという。

1月下旬。海ごはん食べ隊は、新居町のカキ養殖歴30年という橋爪秋久さんを訪ねた。新居町観光協会の後藤吉延さんの案内で着いた先は、狭い路地にある小さな作業場だった。なかに入ると、ちょうどカキ剥きの最中で、かなりのご高齢とおぼしきおばあさんとおじいさんが、黙々とカキの殻を外していた。

「例年11月から3月くらいまでがカキの収穫時期。年末は猫の手も借りたいくらい忙しいんですよ」と言いつつ橋爪さんの妻の明美さんが、作業場の裏手に案内してくれた。目の前は船だまりになっており桟橋に小さな漁船が停まっている。船で養殖場まで行って収穫したものを、この作業場に水揚げするのだという。船の中には怪獣映画に出てきそうな怪しい塊。その塊をバラバラにし、表面についた海藻や泥などをきれいに洗い落とすとやっと見覚えのあるカキが姿を現す。

作業場に戻ると、カキ剥きは続いていた。橋爪さんのお母さんと、その弟さんだという。「お母さんのほうは88歳。カキ屋からカキ屋に嫁に来て、70年カキ剥きやっているんです」と明美さん。カキ剥き70年の手さばきを眺める。専用の特殊な出刃（ナイフ）が閉じた貝にスッと入ったかと思うとパカッと開いて、傷ひとつないあのプリッとした身が現れる。外からは見えないが、身を傷つけないように貝柱だけをスパッと切るのだという。45分で200個を剥く。鮮やかな熟練の技だ。

「浜名湖の養殖カキは種付けから収穫まで1年2ヶ月ほどです」と話す秋久さんに、カキ養殖の流れを教えてもらった。まず、7月〜9月にかけて種付けという作業がある。長さ1.8メートルほどの太い針金に、穴を開けたホタテガイを9〜14枚ほど通して輪にする。ツルと呼ばれる輪は、見た目が大きな貝の首飾りといった感じだ。それを竹で組んだ筏に吊るし、「種場」と呼ばれる場所の海中に沈められる。そうやって海中にぶら下げた貝殻に、自然に浮遊している「地種」と呼ばれるカキの幼生が付着し、それが大きくなる。種専門の業者から仕入れた種を使うこともあるが、新居の場合、地種の割合が多いという。

「水産試験場に水質検査をしてもらい種付けのだいたいの日取りを決めるんだけど、1、2日間違えるとフジツボが付いたりする。種付けのタイミングは、最後は経験と勘だろうね」。種が付いたらそれで終わりではない。〝カキの引越し〟というのがあって収穫するまでに3回引越しする。成長するにしたがって養殖場を変えていくのだ。

カキは勝手に引越しできないから、筏を解体し、それを新しい場所に組み立てなおし、ひとツルごとかけ直すのはすべて人間の手作業だ。「中間育成というのだけれど、筏をかける場所のちょっとした違いで身の成長が違ってくる」という。それほどの手間ひまをかけて育てられている。

熟練のカキ剥きはまだ続いている。「開けたときに身から出る汁（エキス）が濁っていて、身の色もちょっと黄色がかっているほうがコクがあっておいしい。水にさらしてしまっていないカキは焼いても身が縮まない」と明美さん。

殻を開けたばかりのお汁たっぷりのカキにレモンをぎゅっと絞って生で食べたい衝動にかられるが、獲れたてでも生では食べられない。たいていの〝生ガキ〟は海水プールに2、3日入れられ紫外線殺菌されたものが「生食用」として市場に出回ったものだ。浜名湖のカキは、そうした殺菌処理をしない「加熱用」である。「生食用」と「加熱用」の違いが〝鮮度〟だと思っていたら大きな間違いである。その違いは、殺菌処理をするかしないかの違いで〝鮮度〟ではないのだ。

食べ隊は、新居弁天にある「海湖館」という施設脇に季節限定（1月12日〜2月28日平成25年度）で開業したテントがけの「牡蠣小屋」に行った。ここでは先の橋爪さんらが新居で育てた新鮮なカキを手頃な値段で、殻付きのまま炭火で焼いて食べさせてくれる。

「剥き身にしちゃうとせっかくのエキスがもったいないかも」、「やっぱりカキの旨味を閉じ込めた殻付きで食べたいよね」などといいつつ、炭火の上でハゼて飛び散るカキの殻をよけていた。10分ほどたってフタの隅っこから湯気が出ると食べ頃とかで、湯気の出ているあたりにナイフを入れて、こじ開けると、プリッと大きな身と、お汁が溜まっている。「味付けは1年2ヶ月の浜名湖の水でございます」という、ハッピ姿のひょうきんなオジサンの言葉に噴き出しそうになったが、ウソではない。お汁はほどよく塩味が利いて濃厚な味だ。身は「縮まない」と聞いていた通りで、肉厚でプリプリだった。

隣のテーブルで舌鼓を打っていたお客さんに声をかけると「地元なんですが、まさか浜松でカキを食べられるとは思っていなくて、この時期になると三重まで食べに行っていた」という。

焼きあがったカキを食べるのに夢中になって冒頭の〝何か〟を忘れそうになったが、それは一度食べたら人の味覚をよろめかせる〝危ない魅惑〟ではないだろうか。「カキはあんまり・・・、経験が・・・」と言っていたイラスト隊員が、その日「カキに開眼」したのであった。

「小魚の揺りかご」浜名湖が育む〝ご飯の友〟

浜名湖西岸に突き出した正太寺鼻の付け根あたりに入出漁港はある。休漁日らしく港の水揚げ場は閑散として人影はなく、寂びた風情がある。日向ぼっこをしていた猫が物憂げに一瞥をくれ、ひと気のない路地に消えていった。入出の港は、護岸も堤防もコンクリートではなく石積みである。桟橋も、杭を打って板を渡しておしまいといった風の簡素さがあって、何十年も前に時計の針が止まってしまったかのような風景である。

「入出はかつて〝浜名湖の焼津〟と呼ばれていたほど漁業の盛んなところだった」と浜名漁協組合長の吉村理利さんからは聞いていた。入出の漁師は、徳川家康の時代から「浜名湖の独占的な漁業権」を与えられていたほど格が高く、戦後間もない頃までは、船団を組んでスズキやボラを追い網で囲い込む「囲目（かくめ）網」という勇壮な漁も行っていた。だが、栄枯盛衰は世の習い。昭和40年代には３００人を超えていた漁師も、いまは50人ほどになってしまった。そのほとんどがアサリ漁で生計を立て、定置網や刺し網などで魚やエビを獲っているのはほんの数人だという。

その入出は佃煮でもよく知られており、今も古くからの佃煮屋が数軒ある。港にほど近い「野吉」も、そのうちの1軒だ。慶応年間の創業で、松本省吾さんは5代目になる。もともとは佃煮発祥の地である東京の佃島で、その製造技術を仕入れ、浜名湖の小魚などを原料に製品にして、すべて佃島に卸していたという。いまは卸しはやめて、製造と小売りのみだ。

「入出で佃煮屋を始めたのは、浜名湖で小魚やエビなど佃煮になる魚介類がたくさん獲れたからです。浜名湖は、生存競争が厳しい外洋とちがい、大型の魚がやってこない浅瀬があって小魚が生きられる環境がある。浅瀬にはアマモ（藻草）場があり、そこは魚の産卵場所であって小魚にとっては隠れ場でもある。だから、佃煮になるような小魚やエビもたくさん獲れたんです。そうした小魚たちにとって浜名湖は揺りかごみたいなものです」と松本さんは言う。

野吉では、常時10種類ほどの佃煮や甘露煮を扱っている。陳列棚には「子持ちハゼ」「稚アユ」「セイゴ（スズキの幼魚）」「ブシ（ハゼの稚魚）」「赤足エビ」「クルマエビ」「アミ」などが並んでいる。いずれも浜名湖ではお馴染みの魚やエビだ。

そんな中に「ヒラアジ」というのがあった。「ヒラアジってあの南方系の魚？」と尋ねると「いや、先代が考案し名付けた商品名で、原料は〝ヒイラギ〟なんです。ヒイラギは浜名湖ではたくさん獲れる魚ですが、〝ネコ（マタギ）〟と呼ばれてあまり価値はおかれない。でも、食べるとおいしい魚ですよ。結構いい出汁が出るから。焼いて味噌汁に入れたりしてもうまい」と松本さん。地元のお年寄りたちは「ゼンナ」と呼び、隣の愛知県などでは「ゼンメ」の名でお馴染みだ。その語源に「お膳（ゼン）を舐め（ナメ）るほどおいしい」という説があるが、なるほどうなずける。ヒイラギの評価は〝西高東低〟で、西に行くほど高くなるようである。

海ごはん食べ隊は、佃煮と甘露煮の作り方の違いがいまひとつ分からない。松本さんに説明してもらった。

「佃煮は、サイズの小さい小魚やエビを天日干ししたものをそのままタレに漬け込んで煮しめたもの。甘露煮は、もうちょっと大きな魚を天日干ししてから一度焼き、それからタレのなかで1、2時間かけて煮たものです。佃煮にするのは、ハゼの稚魚のブシやクルマエビ、赤足エビ、アミなどのエビ類。甘露煮にするのはハゼ、セイゴ、アユなどです」

佃煮は元来、保存食であるが由に味付けは濃い。だが近年は塩分控えめで薄味のものが増えてきている。その分、保存性は低く、保存料や着色料などの食品添加物を加えているものが少なくない。野吉では「調味料はしょう油、砂糖、水飴の3種類で、魚に応じて配合を変えている。昔ながらのやり方で、多少、消費期限は犠牲にしてでも保存料などは一切使わない」という。

だいたい作り方が分かったところでハゼとヒイラギを食べさせてもらった。甘辛さの後からじわっと魚の旨味がやってくる。それでいて後味が案外さっぱりして、そこらの佃煮に感じるベタベタ感がない。炊き立てのご飯が欲しくなる。できれば淡麗辛口の日本酒なんかがあるとさらにいい。保存については「冷蔵庫に入れれば、だいたい3週間は持つ。冷凍庫でもいいけど、その場合は必ず自然解凍してください。ただし冷蔵庫でも、気をつけなければいけないのが乾燥です。硬くなってしまうとおいしくなくなってしまうんです」と力説する松本さん。

松本さんは、代々、そうしてきたように浜名湖産にこだわっている。

「極力、浜名湖で獲れたものを使っています。ただ、先代の頃までは、あちこち魚の買い付けに行かなくても、すべて入出漁港の魚でまかなえた。でも、入出ではそうした魚を獲る定置網や刺し網の漁師が少なくなって、しかも高齢化が進んでいます。だから、朝3時半頃に家を出て、浜名湖中の漁港を自分の足で回って仕入れたり、親しい漁師に頼んで獲ってもらっているんです」

浜名湖は、淡水と海水が入りまじる汽水湖だが「近年、湖の水がしょっぱくなってきた」という話をあちこちで聞いた。松本さんも、それを肌で感じているという。「塩分濃度が上がってきていると思います。そのため高い塩分を嫌う魚がどんどん浜名湖の奥のほうへと追いやられてしまって、昔は、入出辺りでもたくさん獲れたハゼの稚魚やアミなどがいなくなっています。その代わり、もともと海のほうにいたアジやタイ、タコなんかが獲れるようになっている。水がしょっぱくなっている原因のひとつは都田川ダムだと思います。ダムによって浜名湖に流れ込む淡水が絞られてしまっているんです」

浜名湖には都田川を含む大小28の河川から淡水が供給されている。それが海水とまじり合い778種類（静岡県水産技術研究所調べ平成23年）という魚介類を育む環境をつくっている。これからは浜名湖に流れ込む淡水の量や質にも目を向ける必要があるな、と珍しく真面目な思いで帰路に着いた食べ隊であった。

御前崎港
OMAEZAKI

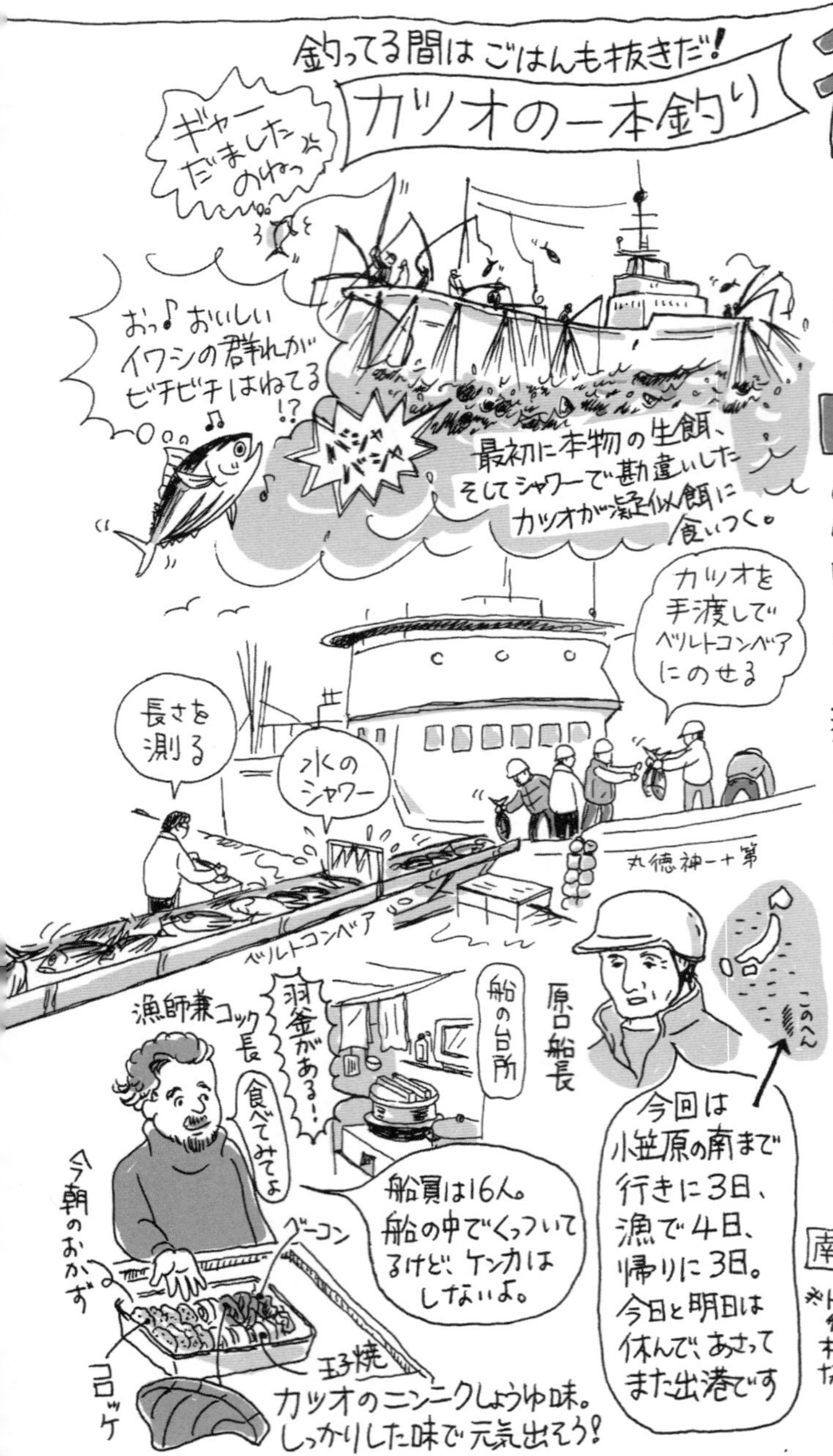

DATA

漁協組合員数
1,498人

陸揚量
3101t

陸揚額
17億5,300万円

主な陸揚魚種
カツオ
シラス
ヒラメ

南駿河湾漁協

※H25年1月1日 御前崎、地頭方、相良、吉田町の漁協が合併し誕生。

御前崎の海ごはん
カツオのなめろう
ぶるん！とラグビーボール型。
ツルーンとぴかぴか！
カツオ
なぶら市場
さすが御前崎、つけ合せのとれたてワカメも絶品！
ネギ
しょうが
刺身はきれいな赤。
このもちもち感はカツオならでは。
叩いたカツオに細かくきざんだ玉ネギ、オオバ、青ネギを加え、味噌で味付け。
朝6:30に船が着き、7:00に市場が開く。
品定め中……
重さを量る
皮
身
脂
皮と身の間を見ると脂の乗りがわかるらしい。
ウーム。。
仲買
本日のカツオ代表
1.5~2.0k
2.5K~3K
重さで分ける

本州最南端の港から、男も惚れるカツオの一本釣り

2月下旬。暗いうちに起き出して御前崎港に着いたのは7時少し前。ボーッとした頭でクルマから下りると冷たい浜風で眠気が吹き飛んだ。キリッと澄んだ冬の朝日を浴びた埠頭には大きな漁船が2隻停泊しており、水揚げ作業が始まっていた。

埠頭に横づけされているのはカツオの一本釣り船だ。ヘルメットをかぶった乗組員たちが、船倉からカツオを運び出し手渡しで船べりに渡されたベルトコンベアに乗せる。カツオはベルトコンベアに取り付けられたシャワーを浴び、「オ・マ・タ・セ」とばかりセリ場へと下りてくる。そこには赤いキャップをかぶった男たちが待っていて、カツオは計量され、仕分けされ、プラスチックの箱に入れられる。広いセリ場がだんだんと箱で埋まっていった。

セリ場の一角に人だかりがあるので行ってみると、小さな木製のテーブルの上で、水揚げされたばかりのカツオが包丁でさばかれていた。その切り落とされた身に、男たちが顔を近づけ「ウーン」と唸ってみたり、隣の人と何やらひそひそと話したりし

ていた。尋ねると仲買人の面々で、適当な魚を選んでさばき、身質を調べてセリの参考にするのだという。仲買人の一人に御前崎のカツオについて尋ねると「いいものが揚がる。鮮魚として扱いやすいのは7、8キログラムくらいのサイズだね。なるべくそういうものを選んでいる」と話してくれた。

船のところに戻ると、水揚げ作業は終わり、船上の男たちは、こまごまとした後片付けにかかっているようだ。頃合いを見計らって、声をかけてみると「じゃ、ちょっと船長呼んでくるわ」とわざわざ呼びにいってくれた。しばらくして姿を現したのは第十一神徳丸（150トン）の原口正明船長だ。漁師歴37年の屈強な体つきだが、話すといたって穏やかな人物だった。

「いまの時期は、小笠原の南の方まで10日間の漁です。今年に入ってこれで3回目。乗組員は今回は16名。漁場まで3日の航海で、操業は4日間、そして帰港まで3日。今回の水揚げは20トンくらいで、まずまずだね。カツオの漁期は1月半ばから11月末くらいまで、ほぼ通年で漁に出てるんですよ。今日、明日は休んで、また明後日には出航です」

第十一神徳丸の船尾近くには長さ5mほどのグラスファイバー製の竿が何十本も立てかけてあった。竿の整理をしていた乗組員に見せてもらうと糸の先に疑似餌が付いている竿もある。カツオの一本釣りは、ナブラと呼ばれる魚群を発見すると、カタクチイワシなどの生餌をまいてカツオを集める。その後、散水機で海面にシャワーを注ぐ。それがあたかも小魚が逃げ惑っているように錯覚したカツオが疑似餌に食いつき、次から次へ釣り上げられる。食いが渋くなったらイワシの生餌で釣ったりと、疑似餌と生餌を使い分けるのだそうだ。ハリ先にカエシがないので、釣った魚は竿さばきによって空中でハリが外れ、船の中に落下するという仕組みである。日本の伝統的な漁法であるカツオの一本釣りは豪快である。竿1本で魚に立ち向かうという人間臭さが残る数少ない漁法ではないだろうか。

原口船長の話を聞くうちに、ふと船の上での生活、とりわけ食生活が知りたくなった。船長の穏やかな人柄につけ込んだというわけではないが「船の中を見させていただけませんか」とお願いすると「あ、いいよ」と乗せてくれ、「じゃ、後はいいかな」と操舵室のほうへ戻っていった。どうも食事の最中だったらしく、食べ隊一同恐縮！

船尾近くの扉から狭い階段を下りると、そこは台所と食堂だった。台所付き六畳一間のアパートという感じだが天井が低い。台所には大きな流しがあり、炊飯器はなんと昔ながらの羽釜だ。使い込まれた台所だがきれいに磨き上げられ整理整頓されていて、どこぞのグウタラ主婦に見せてやりたいくらいだ。テーブルでタバコをふかしていた乗組員に声をかけるとなんとコック長だった。予期せぬ侵入者に戸惑いつつも訥々《とつとつ》と親切に応じてくれた。宮城県気仙沼の漁師で、5年ほど前から、1年のうち数ヶ月は御前崎の船に乗っているのだという。料理担当だが漁が始まると竿を握る漁師でもある。

「航海中は三度三度食べられるんだけど、いったん漁が始まるとメシ時でも食べられないことがあるんですよ。操業中は1日1食のときもあります」とコック長。

話を聞きながら、テーブルに置かれたバットの中身が気になってしかたがない海ごはん食べ隊。バットには玉子焼き、ベーコン、コロッケ、鶏のから揚げなんかが盛られていて、いかにもおいしそうなのだ。「あのこれは?」、「朝食の残りです。よかったら食べて」とコック長。待ってましたとばかりに食べ隊一同の手がいっせいにバットに伸びた。「あ、これ釣ったカツオですか?」、「そう。ニンニク醤油に漬けて焼いたの」とコック長。肉厚のカツオにニンニクと醤油がよくしみていて「バカうま」「肉も柔らかくてジューシー」「・・・」と何枚もお代わりした食べ隊一同なのであった。これぞ正真正銘の〝漁師めし〟であった。

後ろ髪を引かれながら、お礼をいって船を降りると、セリは終わってしまったらしく、仲買人たちは、搬出口から仕入れたカツオを運び出していた。そうこうするうちに次第に人も少なくなり、だだっ広いセリ場はガラーンと静けさを取り戻しつつあった。時計の針は9時近かった。

御前崎港は近海のカツオ一本釣りの基地である。御前崎魚市場（南駿河湾漁協・御前崎本所）の矢部政利さんは、御前崎のカツオについて、こう話す。

「一番の特徴は一本釣りによる新鮮な生カツオの水揚げが県下一だということです。主力は小笠原や八丈島の近海まで出かけて漁をする中型船で、これはほぼ一年を通じて漁をします。これが4、5、6月となってカツオが回遊してくる黒潮が遠州灘へと近寄ってくると小型船も加わってきて水揚げ量も増えてきます。いわゆる〝初ガツオ〟の時期です。初夏の頃になると朝出漁し、その日の午後のセリにかけられ出荷される〝日戻りガツオ〟もあります。それだけ新鮮な生のカツオが揚がるということです。24年度には『御前崎生カツオ』が〝しずおか食セレクション〟にも認定されました」

矢部さんに御前崎の〝漁師めし〟について尋ねると「ガワ料理」があるという。カツオ漁の漁師たちが船の上で食べていた漁師めしで、釣りたてのカツオを細かく叩き、それを味噌を溶かした氷水と一緒にかき混ぜ、薬味にネギ、青シソ、ミョウガなどを加えて温かいご飯にぶっかけてかき込む。氷水を入れてかき混ぜる音が〝ガワガワ〟だから「ガワ」なのだという。カツオの叩きの冷やし汁だが、夏場の料理であり、この時期には食べられそうもない。

食べ隊は、御前崎港に近い「なぶら市場」の食堂で、御前崎港に揚がった新鮮なカツオの刺身を味わった。きれいな赤身の刺身で、独特のもちもちした食感がある。生臭さのない淡白な味わいだ。土佐のタタキもおいしいけれど、カツオそのものを味わうなら刺身かな、という気がする。

もう一品は、カツオのナメロウ。カツオを叩き、細かく刻んだタマネギ、オオバ、青ネギを加え味噌で味付けしたものだ。タマネギの甘さがカツオを引き立てていてうまい。食べながら思った。このナメロウを氷水と一緒にドンブリに入れて〝ガワガワ〟とかき混ぜたら「ガワ料理」になるんじゃないだろうか。夏になったら試してみることにしよう。

焼津港
YAIZU
焼津の海ごはん
カツオめし
カツオとおしょうゆのいいにおい。
脂のないカツオでもとっても美味しくできるのよ。
紀州屋・東出さん
カラフルで浴衣みたいな可愛い魚河岸《うおがし》シャツ♥
カツオ
しょうが
焼津はカツオの水揚げ日本一!
DATA
漁協組合員数
298人
漁船数
408隻
陸揚量
196,533t
陸揚額
574億2700万円
主な陸揚魚種
カツオ
マグロ
小川港
サバ
アジ
☆沿岸、沖合漁業
魚市場

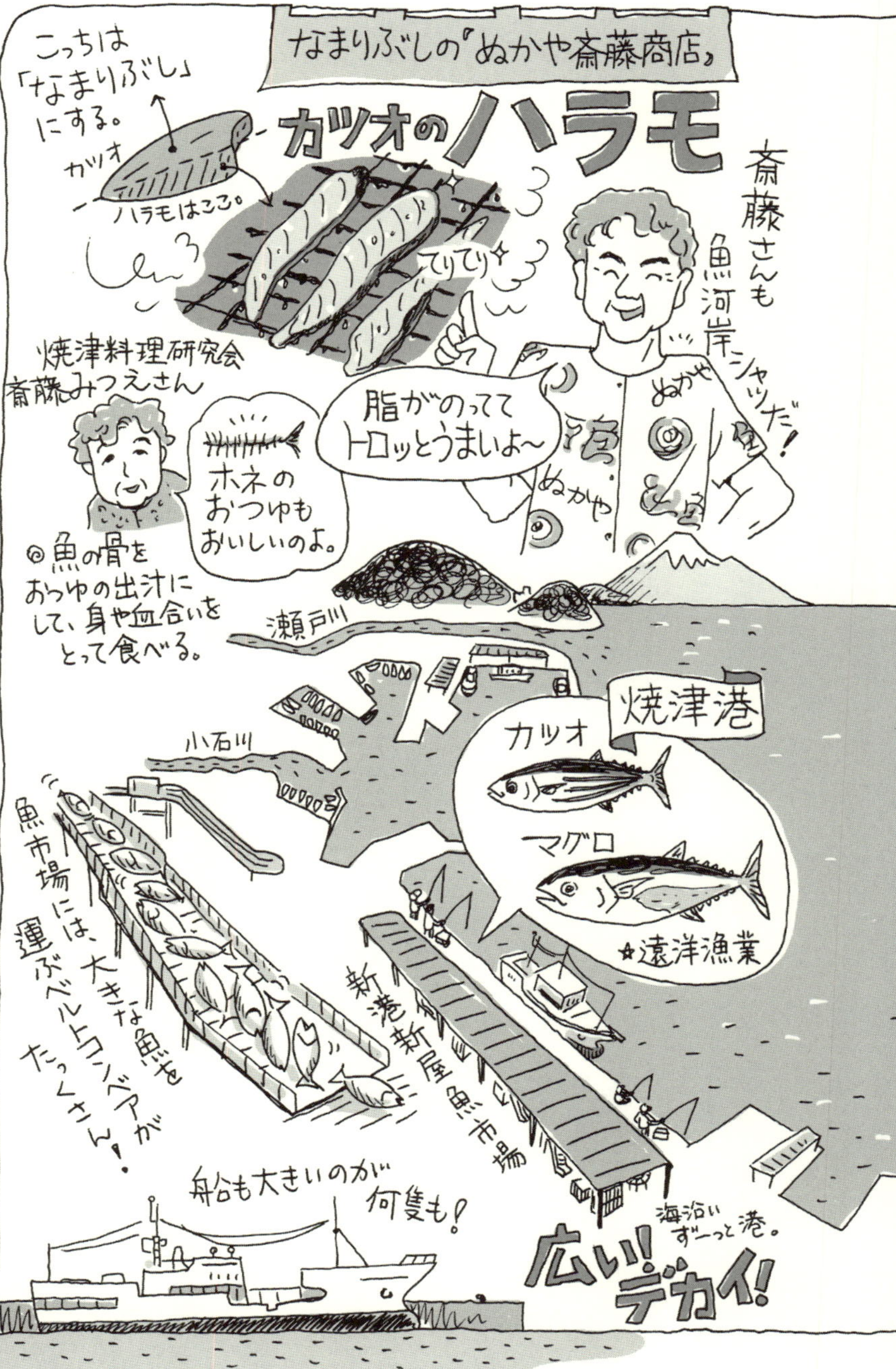

なまりぶしの『ぬかや斎藤商店』
こっちは「なまりぶし」にする。
カツオ
ハラモはここ。
カツオのハラモ
てりてり
斎藤さんも魚河岸シャツだ！
ぬかや
焼津料理研究会 斎藤みつえさん
ホネのおつゆもおいしいのよ。
脂がのっててトロッとうまいよ〜
◎魚の骨をおつゆの出汁にして、身や血合いをとって食べる。
瀬戸川
焼津港
カツオ
マグロ
☆遠洋漁業
小石川
魚市場には、大きな魚を運ぶベルトコンベアがたっくさん！
新港新屋魚市場
船も大きいのが何隻も！
海沿いずーっと港。
広い！デカイ！

オカズいらずのカツオ飯とビールが必需のハラモ

夏の昼下がり、海ごはん食べ隊は、焼津市内のとある一般家庭に上がり込んでご飯をいただいている。見ようによっては少々あやしい図なので、いきさつを説明しておく。信用漁業協同組合連合会の東出隆蔵専務理事に各地の漁師めしなどを紹介してもらおうと訪ねたときのことだ。「ぼくの住んでいる焼津だったら〝カツオ飯〟っていうのがあるよ」、「それどこで食べられますか」。東出さんはしばらく考えて「ウチの奥さんに作ってもらえばいい」と、その場で奥さんに電話して、話はトントン拍子に決まったという次第なのである。

東出家を訪ねると、妻の直美さんが調理の下準備をすっかりすませて待っていてくれた。調理の前に、カツオ飯っていったいどういうものか。直美さんに聞いた。「もともとはカツオ漁の漁師さんたちが漁の合間に船の上で食べていた漁師めしだそうです。獲れたてのカツオをさばき細かく叩いて、それに刻んだショウガと醤油をまぶして、炊き立てのご飯に混ぜ込んだものです。鮮度のいいカツオをその場でさっと料理して食べるのだから、おいしいに決まっているのですが、ただ、冷めてしまうと生臭さも出やすいんですね。そこで、焼津漁協女性部の山口和子さんという方が、いろいろ工夫して冷めても美味しいカツオ飯を考案したのだそうです。かれこれ20年くらい前のことです」

「昔、焼津港祭で漁協の女性部のみなさんが作って出していたものをたまたま食べて〝なんておいしいご飯なんだろう〟と思って、一体、どうやって作るんだろうと、山口さんを直接お訪ねしてレシピを教わりました。以来、やみつきになって、家に人が集まったりするときの定番料理になっているんですよ。カツオそのものに脂がそんなに乗っていない安いものでも、おいしく食べられるのがカツオ飯です」

さて、ここからは東出直美さんのカツオ飯料理教室である。

【材料と分量（5人分）】

（具の材料と分量）

・カツオ　1／2節（200g）

・根ショウガ　100g

（a）

・醤油　90cc

・みりん　50cc
・砂糖　小さじ1
・酒　50cc
（さくら飯の材料と分量）
・米　5合（750g）
（b）
・酒　75cc
・塩　小さじ1/2
・しょう油　大さじ1

【作り方】

①研いだ米に（b）の酒・塩・醤油を合わせ、炊飯器の規定の目盛りまで水を入れ、さくら飯を炊く。

②カツオを6~8ミリくらいのさいの目に切り、切り身がくっつかないように熱湯に入れてさっと湯がく。カツオの生臭さを抜くため。浮いてきたアクをきれいにすくい取る。

③カツオを湯がいたら、ザルに取りお湯を切る。

④ショウガを千切りにして、（a）の調味料と③のカツオと合わせ、中火で煮込み、汁が少々残る程度で火を止める。
⑤①のさくら飯と④のカツオの具が出来しだい、熱いうちに混ぜ合わせたら完成。その際、具の残り汁を適当に混ぜ合わせるとよい。飯切（寿司桶）で混ぜ合わせるのがグッド。

【作り方のコツ】
・具が冷めたら、もう一度、火にかけて混ぜ合わせる。カツオは一度煮てしまうと堅くなってしまう。それをもう一度軽く火を通すことで柔らかくなる。それにカツオが冷めてしまうと生臭さも出てしまうので、ご飯と混ぜ合わせる前にもう一度、軽く火を通す。
・多めに具を作っておいて冷蔵庫に入れておき、翌日にでも作るときに温め直してもよし（2日間くらいは保存がきく）。

　直美さんの手際のよさを眺めながら、相当な料理上手だな、と思いつつ、ふと台所の流しに目がいった。どう見ても普通の家庭の流しに比べて横に長く1メートル以上ありそうだ。「ああ、これ？　大きな魚でも丸ごと一本、流しのなかでさばけるように、この辺の流しはこんな大きさよ」と直美さん。「へえーっ、さすが魚の街。台所も焼津仕様ということか」と食べ隊一同。

炊き上がったさくら飯と具が飯切で混ぜ合わさるとショウガのいい香りが立ちのぼってきて食欲をそそる。カツオ飯が茶碗に盛られ、いざ実食。ショウガの香りがふんわりとカツオの魚らしい力強さを包んで、何とも上品な味わいだ。「うは」、「わっ」、「うま」などと奇声を発しつつあっという間に完食。昼食をすませてきた食べ隊だったが、直美さんが「お代わりどうですか」といい終わらないうちに「お願いしま〜す」と、食べ隊の食欲はエスカレートしていくのであった。おまけに残ったカツオ飯をパック詰めにしていただいた。その日の夜、家で食べてみたら本当に「冷めてもおいしい」カツオ飯だった。

焼津はカツオやマグロの加工業の盛んなところである。静岡県はカツオのなまり節の生産量は全国一で焼津は、その代表的な産地だ。

食べ隊は焼津浜通りにある明治20年創業の「ぬかや斎藤商店」を訪ねた。いかにも老舗という佇まいの「ぬかや」は、カツオのなまり節をはじめマグロの角煮など、水産加工の製造・販売をやっている。店主の斎藤五十一さんが、〝焼津の民族衣装⁉〟との噂もある魚河岸シャツ姿で現れた。斎藤さんはカツオをさばき、なまり節をつくる仕事を40年以上も続けているベテランだ。

斎藤さんに案内されて店の奥に入ると、そこは作業場になっており、なんともいい匂いが漂っていた。「この匂いは？」と尋ねると「カツオのハラモの燻製です」と斎藤さん。ハラモというのは腹身で、もっとも脂の多い部分だが、カツオ1本から取れるハラモはわずかである。塩焼きや塩漬けの干物にして食べるが「ぬかや」では燻製にしている。

斎藤さんは「ハラモはなまり節には使わないので燻製にしています。内蔵は塩辛にするし、カツオは捨てるところがないんです」という。

いかにも出来立てという感じのハラモの燻製が蒸籠（セイロ）に、いい色つやで並んでいる。「ぜひ、食べてみてください」とすすめられるまま食べ隊の手は伸びる。燻製ならではの香ばしさがある。身は柔らかく、ジュワッと脂が乗っていて旨味たっぷりだ。「これには、やっぱり冷えたビールだね」、「そうそう」と、深くうなずきあう食べ隊だった。

用宗港

MOCHIMUNE

用宗の**シラス**は
イワシの赤ちゃん。

原寸大
2cm

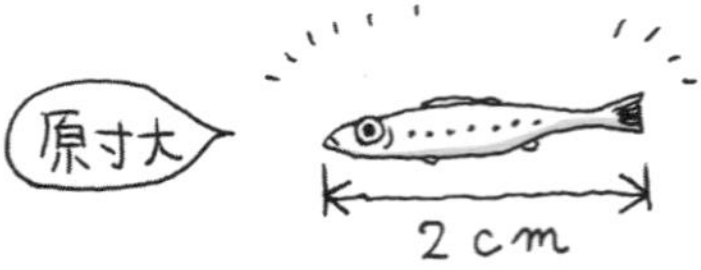
すきとおっていて
黒い点々が
ある。

生シラスは、9〜10月が
プリプリ甘くなって
一番おいしい♪

釜揚げは
1年中食べられます。

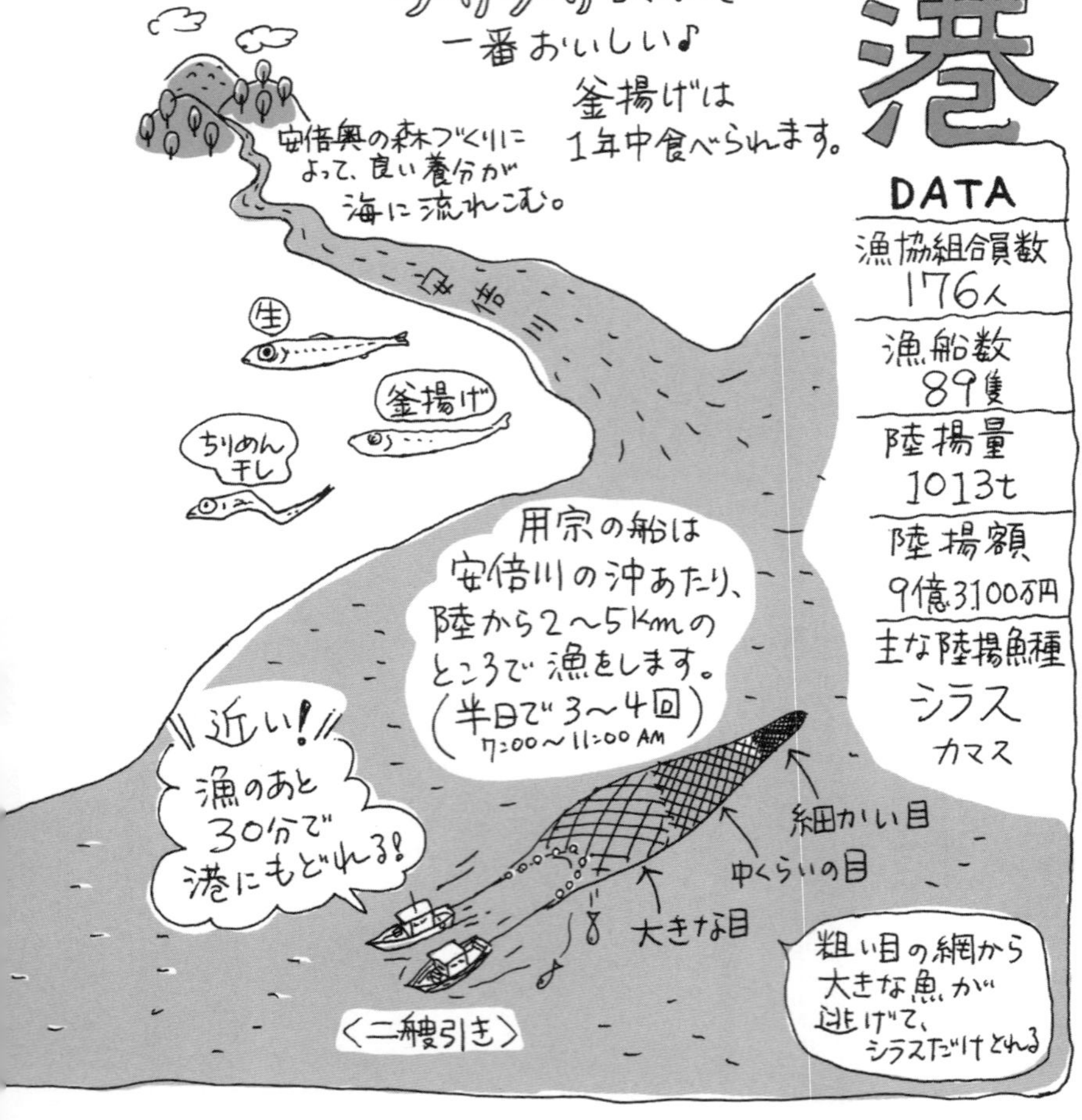

安倍奥の森づくりによって、良い養分が海に流れこむ。
安倍川

ちりめん干し
用宗の船は
安倍川の沖あたり、
陸から2〜5kmの
ところで漁をします。
(半日で3〜4回
7:00〜11:00 AM)
近い!
漁のあと
30分で
港にもどれる!
細かい目
中くらいの目
大きな目
粗い目の網から
大きな魚が
逃げて、
シラスだけとれる
<二艘引き>

DATA

漁協組合員数
176人

漁船数
89隻

陸揚量
1013t

陸揚額
9億3100万円

主な陸揚魚種
シラス
カマス

用宗の海ごはん
生シラス
ごはん
ネギ
しょうが
釜揚げシラス
ふうわり やさしい おいしさ♡
釜揚げ シラス丼
シラス丼
キラーン✧ ピチピチ!
生シラス丼
ごはん
漁協の どんぶりハウス
漁協直売所
漁協
市場
網の手入れ中
漁協冷蔵庫
用宗港
水揚げの95%が シラス!!
海鵜
親子づれ、友達づれで のんびり釣りをしたり 散歩したり。
こんくらいの、ひとり!つれたヨ
へ〜

豊かな森と川が育んできた用宗のシラス

うだるような夏の盛りであった。「こう暑いと食欲が・・・」、「ちょっと、さっぱりした海ごはんなんかいいかもね」――やや夏バテ気味の海ごはん食べ隊が選んだのはシラスであった。向かったのは用宗港にある清水漁協用宗支所直営の「どんぶりハウス」である。船着場に面した広場の一角にある店は、その名前通りどんぶりオンリーで、メニューにシラス丼があった。

シラスの漁期でも、海が時化たりして漁に出られない日には「本日は、シラス丼はありません」という張り紙が出る。それは、新鮮でおいしいものを消費者に味わってもらいたいという漁協側の、いたって当たり前の方針なのだが、われわれ消費者というのは、実に身勝手なところがあって「遠くから食べにきたのにないとは何事だ」と怒ったりする人がいる。だが、いつでもどこでもなんでも食べられるということのほうが変だということに気づくべきなのだと思うのだが。

シラスは、マイワシやカタクチイワシの稚魚で15ミリ～30ミリほどのちびっ子だ。

静岡県内でのシラス漁は例年3月下旬〜翌年の1月中旬までが漁期である。県内に17ある漁協のうち10漁協でシラス漁をやっており、全国屈指の水揚げ量を誇る。用宗港も、昔からシラス漁の盛んなところで「全水揚げ量の95％はシラスです」と清水漁協用宗支所の上山一仁支所長はいう。

シラス漁は船曳網漁である。たいていは2隻の船と、獲れたシラスを運搬する船と三隻が一組になって操業する。網船と呼ばれる本船に8、9人が乗り、網の一方を曳く手船に1人、運搬船1人といった格好で漁場に向かう。漁場に着くと、網が入れられ、二隻が並ぶようにして網を曳きにかかる。その時間はわずか30、40分。シラスは小さくて弱い魚なので漁は時間勝負。網を巻き上げると獲れたシラスはすぐさま運搬船に積み込まれて港に取って返す。鮮度が勝負なのである。

「用宗の場合、漁場は安倍川河口の沖で港から30分ほどのところ。早朝に出漁し、水揚げは8時30分頃から12時頃まで運搬船で運ばれてきます。水揚げされたシラスは氷水でしめられ、生シラスとして出荷したり、その場で釜揚げにされたりします。とにかく鮮度を落とさないようにスピーディにやることが肝心なんです。『どんぶりハウス』に出す生シラス丼などは、その日の朝に獲れたシラスで、新鮮そのものです」と上山支所長。

時計は12時を回っており、水揚げが終わった市場は静かだったが、どんぶりハウスには、何組かのお客がいてシラス丼を食べていた。食べ隊が注文したのは、午前中に水揚げされたばかりの「生シラス丼」だ。それは至極シンプルな海ごはんで、ご飯にノリを散らし、主役の生のシラスがどさっと乗り、青ネギと摩り下ろしたショウガが添えてある。そこに醤油をたらしてゾロッといただく。何もつけないで、そのまま透明感のある生のシラスを食べてみると、ほんのりとした苦味があるが、それも五味のうちで、プリッとした歯ざわりと、ほどよい塩味、甘味があった。

「9月、10月になって海水温が低くなっていくともっと旨味が出てきます。いわゆる〝秋シラス〟ですね。それと5月〜6月にかけての〝春シラス〟もおいしい。秋と春が、シラスの旬です」と上山支所長はいう。

静岡県人にシラスを語るのは〝釈迦に説法〟という気がしないでもない。シラス水揚げ量では屈指の県であり、静岡市民が年間に買っているシラス干しの量は2キログラム以上で日本一だ（家計調査〝二人以上の世帯〟都道府県庁所在市及び政令指定都市別ランキング。平成21〜23年平均総務省統計局）。あとは押して知るべし。釜揚げやシラス干しは、日常的にスーパーに並び、旬になれば生シラスが居酒屋で食べられ、食卓にものぼる。イワシは弱い魚と書き、その稚魚の足はもっと早い。そんな魚を生で食べられるというのは、ヨソから見たら、ゼイタク以外の何ものでもない。

いまから10年ほど前の話になるが、県内のシラス漁が極度の不漁に陥ったことがあり、夏場の黒潮の大蛇行との関連が指摘されたことがある。上山支所長は「黒潮が沿岸から大きく離れてしまうと不漁で、近くなるとよく獲れるという傾向にあるんですね。それと、いい漁場は安倍川などの川から栄養分のあるいい水が流れ込んでくることが大事なんですよ」と説明する。

シラスに限らず、この取材でよく耳にしたのは、いい漁場は川や森と深く関係しているということだ。県内には東から、狩野川、富士川、安倍川、大井川、天竜川といった大きな河川をはじめ大小いくつもの河川が駿河湾や遠州灘に注ぎ込んでいる。大事なのは森で、これらの川の流域にある落葉広葉樹の森の腐葉土に含まれたチッソやリンといった栄養分が水とともに川に流れ出し海に注ぐ。森から運ばれてきた栄養分は海の植物性プランクトンを育て、それが、海の魚介類を育む。森が豊かだからこそ海も豊かなのだ。逆にいえば、スギやヒノキが間伐されないまま荒廃している森は腐葉土も貧しく、水も貧しい。

漁師は、森が海を豊かにすることを経験として知っていた。日本海に面した青森の深浦町大間越という海辺の集落では、白神山地の白神岳を登拝する「山かけ」という神事がいまでも残っている。白神山地のブナの森の滋養に富んだ水が麓に稔りをもたらし、海の幸を与えてくれることへの感謝と祈願を込めて、毎年9月初旬に集落の人たちが白神岳に登り、祠《ほこら》に供物を供える。屋久島にも「岳参り」という風習がある。海水や海砂を竹筒に入れて、それぞれ集落で決められた奥山に登拝し、祠にその海水などを供え豊漁豊作や家内安全を祈願する。

そういう風習は非科学的ではない。海を豊かにするために全国各地で、漁師たちがブナやナラ、クヌギといった落葉広葉樹を植林していることにつながっている。なぜ、シラスから森の話に行ったかというと「安倍川の上流の山で、落葉樹の森づくりに漁業関係者が参加しているんですよ」という東出隆蔵（静岡県信用漁業協同組合連合会）さんの話を思い出したからだ。

生シラス丼を味わい、港をぶらっとしていると漁協直営の直売所があって、サンダル履きのオバサンやオジサンが生シラスや釜揚げを買っていた。駿河の国に茶の香りではあるが、そこにシラスが加わってもおかしくない。

漁を終えた船が港に帰ってきた。

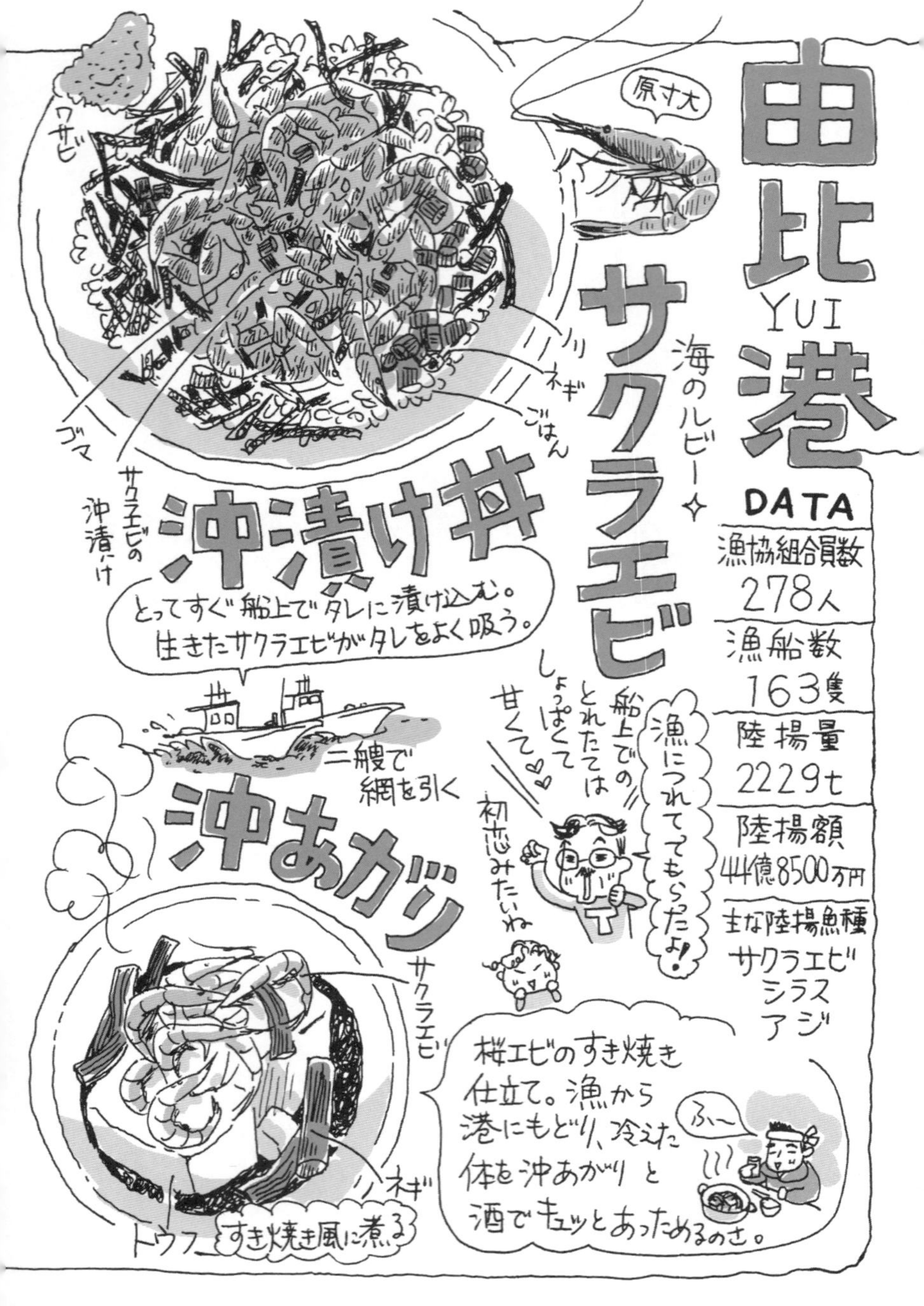
由比港
YUI
サクラエビ
海のルビー✧
原寸大
沖漬け丼
サクラエビの沖漬け
ワサビ
ノリ
ネギ
ごはん
ゴマ
とってすぐ船上でタレに漬け込む。生きたサクラエビがタレをよく吸う。
二艘で網を引く
漁につれてってもらったよ!
船上でのとれたてはしょっぱくて甘くて♡
初恋みたいね
沖あがり
サクラエビ
ネギ
トウフ
すき焼き風に煮る
桜エビのすき焼き仕立て。漁から港にもどり、冷えた体を沖あがりと酒でキュッとあったためるのさ。
ふ〜
DATA
漁協組合員数
278人
漁船数
163隻
陸揚量
2229t
陸揚額
44億8500万円
主な陸揚魚種
サクラエビ
シラス
アジ

由比の海ごはん
ヒイラギのハンペン
プチッ
頭と内臓をとる
しゅるん
いたまないよう、すぐ冷やす
氷
こっちを使う
ヒイラギのすり身
たまねぎ
ちょっと甘くて旨味があってふわっとおいしい♪
ヒイラギみんなでもぎり中
プチ・しゅるん
プチ しゅるん
海ごはん食べ隊もいっしょにやりました!
ぐおんぐおん
魚専用二槽式洗濯機
大勢でまぜて揚げて。
ネットにヒイラギの身を入れて水でよく洗うとくさみがなくなる。
排水も作業台もどんどん掃除!
おーいていねいにやれよー
原さん
漁師チームは陸《おか》でもちゃっちゃか働く!

言わずと知れた海の宝石、サクラエビ

エビフライ、エビ天、エビチリ、刺身、鮨――ニッポンの食卓にはエビが溢れている。日本は世界屈指のエビ消費国。エビの消費量は年間およそ26万トンで、国民一人当たり年間2キログラムほど食べている計算だという（総務庁の家計調査　平成24年）。「オレはそんなに食べないよ」という反論もあろうが、統計上はそうなっている。だがエビの国内自給率は約10％に過ぎず、多くをベトナムやインドネシアなど海外で養殖されたエビの輸入に頼っているのが実情だ。

サクラエビはどうか。〝１００％駿河湾産〟といいたいところだが、近年わずかだが台湾産も輸入されているという。「ただ駿河湾産に比べ台湾産は小ぶりです。甘味や風味も駿河湾産のほうが強いんです」と、由比港漁協の宮原淳一組合長は自信たっぷりだ。

クルマエビでも甘エビでも、たいていエビは殻をむいて食べるが、サクラエビは丸ごと食べる。なにせオトナになっても4、5センチだから丸ごとにならざるをえないかもしれないが、〝丸ごと〟には、健康によくて環境にもひょっとして優しいんじゃないか・・・そういう響きがある。

食べ方としては、まずは生食。冷凍技術の発達で一年を通じて食べることができるようになったが、獲れたての生はやっぱり一味違う。名前の由来にもなっているほんのり桜色をしたやつをワサビ醤油や酢醤油でいただく。地元の鮨店などではサクラエビがたっぷり乗った軍艦巻きになる。ただ長いヒゲの食感が苦手という人もいる。そういう場合、ドンブリか何かにサクラエビを入れ、割り箸でクルクルかき回すとヒゲが箸に絡まって取れる。お試しあれ。

お次は釜揚げだ。獲れたてのサクラエビを塩ゆでにしたもので、生とは違うプリッとした食感と独特の甘味、風味がある。そのまま大根おろしで食べるとおいしい。かき揚げや炊き込みご飯にしてもいい。そして生のサクラエビを天日干しした素干し。これは古くからあるサクラエビの加工法で、旬になると、富士川の河川敷に一面に敷き詰められたピンクの絨毯《じゅうたん》を見ることができる。素干しは、かき揚げやお好み焼き、焼きそばなどに利用すると香ばしく風味が増す。

由比の町を歩くとサクラエビ料理を食べさせる店がいくつもあり、由比港漁協も「浜のかきあげや」を直営している。コンテナを改造したような厨房と雨に濡れない程度の屋根のあるそっけない食堂なのだが、なかなかの繁盛ぶりだ。何度か訪ねているが、港の駐車場に県外ナンバーが並び、長い行列ができている光景に驚いたことがある。この店の一番人気はかき揚げである。サクッとした歯ざわりとフワッと湧き上がってくる香ばしさは、ぎっしりと贅沢に使われた新鮮なサクラエビだからこその味わいだ。サクラエビの個性は、一言でいえばかき揚げにしたときの香ばしい匂いにつきるかもしれない。

宮原組合長に「サクラエビの漁師めしみたいなものはありますか」と尋ねると「なんといっても〝沖あがり鍋〟だね」と言う。

「昔はね、一晩に10回も15回も網を打っていた。いまみたいに魚探もないし、機械化もされていなかったから網を引くのも人力で体力勝負ですよ。沖から上がって浜に戻ったら体も冷えきって疲れている。そういうときに浜で食べる鍋が〝沖あがり〟です。鍋をつついて、酒を飲んで家に帰って寝る。漁期は、そういう毎日だった」。

〝沖あがり鍋〟は「浜のかきあげや」でも食べられるという。ただサクラエビの休漁期間は金、土、日、祝日だけしか開いていない。営業時間も午前10時〜午後3時までだ。事前に電話をして「沖あがり鍋」を食べに行った。10時頃に訪ねたのだが、港にはすでに県外ナンバーが止まっており店の中ではすでに食事中のみなさんが何組かいた。ちらっと見たところ、やはりかき揚げを食べている。

注文した「沖あがり鍋」が小さな発泡スチロールのお椀でやってきた。醤油じたてのタレの中身は豆腐、長めに切った青ネギ、そしてサクラエビ。それだけだ。食欲をそそるタレの匂いはすき焼きそのものだ。牛肉の代わりにサクラエビが主役を務めている。食べてみると、はやりすき焼きだ。甘辛いタレが豆腐にも、エビにも、青ネギにもしっかりとしみている。体が温まる。白いご飯が欲しくなる。

厨房を覗かせてもらい、料理担当のお母さんに作り方を聞くと「醤油、酒、みりん、砂糖、水でタレを作り、そこに豆腐と長めに切った青ネギ、そしてサクラエビを入れて煮込めば出来上がりです」。

「昔は、浜にお母さんたちが豆腐、青ネギなど鍋の材料をあらかじめ用意して待っていて、お父さんたちが漁を終えて戻ってくると、その場で獲れたてのサクラエビを放り込んで食べていました」と教えてくれた。

「浜のかきあげや」ではサクラエビ料理の新商品も販売を始めた。その名も〝漁師の沖漬け丼〟である。まず生のサクラエビを特製のタレにしばらく漬け込んでおく。ドンブリに盛ったご飯に刻みノリをパラパラと振りかけ、その上にタレに漬け込んだサクラエビをどさっと乗せ、最後に細かく刻んだ青ネギ、ワサビを乗せて出来上がりだ。そのままワサビを絡ませて食べてもいいが、店で用意した昆布ダシつゆをかけてお茶漬けにして食べてもおいしい。

「サクラエビはおいしいし、栄養価も高い。水揚げすると鮮やかな赤色になりますが、この赤い色素は〝アスタキサンチン〟といい、強い抗酸化作用が注目されています。美容や健康にとてもいいといわれている。それにカルシウムは牛乳の何十倍も含まれている。これからは、サクラエビの栄養価についても宣言していかなくちゃ」と、宮原組合長は言う。〝美容〟と聞いて、海ごはん食べ隊女子二人の目がキラリと光ったのは言うまでもない。

【隊長漁に出る！】その一
サクラエビを守る資源管理型漁業とは?!

静岡のサクラエビの漁獲量は日本一である。それも「全国に占める割合は100%」だ。つまり日本広しといえどサクラエビを獲っているのは静岡だけなのである。相模湾、東京湾にも生息する深海性の体長4、5センチのエビだが、漁獲対象となっているのは駿河湾だけだ。さらに県内でサクラエビ漁が許可されているのは由比港漁協と大井川港漁協のみである。なかでも由比は全体の漁獲量の80%ほどを占める〝サクラエビの町〟なのだ。

由比のサクラエビ漁の歴史は日清戦争が勃発した明治27年（1894）に遡る。11月の夜、アジの曳網漁に出た由比の船が、網の袋につける浮き樽を忘れたか、網を曳くうちに外れたかして、アジではなく、サクラエビが大量に網に入った。そういう偶然がきっかけで、サクラエビ漁が始まったのだという。

サクラエビ漁は、毎年3月下旬から6月上旬の春漁と10月下旬から12月下旬の秋漁の2回。産卵期に当たる夏場（7～9月）は禁漁となる。計算の上では年4ヶ月ほど漁期だが、実際に出漁できるのは年平均60日ほどだ。由比と大井川港漁協の船主などで構成される〝出漁対策委員会〟というのがあって、毎日、風や波などの天候や漁獲量の状況を見ながら、昼頃までに出漁するかどうかを決める。「オレは勝手にやらせてもらいます」はご法度の、徹底した資源管理型の漁なのである。

12月下旬。由比の秋漁は終盤戦を迎えていた。「船に乗せてもらえませんか」とお願いしてあった由比港漁協の青年部長で大政丸の船主である原剛さんから「今日、午後4時に出漁するので間に合うように港に来てください」と電話があったのが昼すぎのことだった。「よっしゃあ」と、気合を入れて、由比港に駆けつけた。港に着くと、空はどんよりしていたが風がなく穏やかだった。船着場には、大勢の漁師たちが出漁を待っていた。

サクラエビ漁は、1隻あるいは2隻の船で海中に流した網を曳いて獲る船曳網漁で、シラスと同じ漁法だ。

船着場に停泊していた大政丸は2隻。乗組員は12人で、6人ずつに分かれて2隻の船に分乗する。午後4時前。とりあえず邪魔にならないように操舵室の後ろにある船室に腰を下ろした。4、5人も座れば一杯というくらいの狭い空間で、真ん中に鉄製のオイルストーブが燃えていた。ストーブに手をかざしていると、「○○丸、○名、出航了解。△△丸、△名、出航了解。大政丸、12名出航了解」という漁協からの無線が操舵室から聞こえてきた。いよいよらしい。

「ブワン！」とエンジンがひと吼えして船は岸壁を離れた。ほぼ同時に相方の船や他の船も動き出し、ゆっくりと港の出口へと向かう。船尾から港のほうを眺めているとふと堤防の突端で手を振っている人たちが目に入った。乗船している青年がそれに応えて手を振っている。出漁の見送りのようだ。なかなかいい光景である。港を出た何隻もの船は、一気に速度を上げ、波を蹴立て先を争うかのように沖へと向かった。

右手に清水港のクレーンが見え、三保の松原を過ぎ、日本平が大きく見えてくる頃になって船の速度が落ちた。時計を見ると4時45分。港を出ておよそ1時間だ。回りを見ると暗がりの中に何隻もの船が集まっている。どうやら漁場に着いたようだ。操舵室を覗くと漁労長が魚群探知機をにらみながら「この辺でいいでしょう」と話している。原さんが魚探を指さし「ほら、水深180〜200メートルくらいのところに赤い帯が見えるでしょう。これがエビの群れです。これから、この赤い帯がだんだんと上に上がってくる」と教えてくれた。

深海性のサクラエビは、日中は水深200〜500メートルの深さに生息しているが、夜間になると30〜60メートルの水深まで上がってくる。そのためサクラエビ漁は、夜間に出漁し、水面近くに上がってきたサクラエビに網をかけて獲る漁なのである。

船上が慌しくなってきた。相方の船が船尾を寄せてきて互いに網のロープをつなぎ、網が入れられる。それから2隻の船は再び離れ、互いに距離や速度を交信しながら網を引いていく。網を引き始めて10分ほどたっただろうか。再び相方の船が寄ってきて網の巻き取りにかかった。さらに10分ほどして絞った網を覗くとサクラエビがひしめき合っていた。投光器に照らし出されたサクラエビは透き通っていて真っ赤な心臓まで見える。

網の中に大きなホースが入れられると掃除機みたいにサクラエビが吸い上げられ、船首のほうに用意された箱に次々と投入されていく。一連の作業にテキパキと指示を出す漁労長に「成果はどうですか」と尋ねると「あと5分長く引けば、もっと獲れるんだけど、漁獲調整なんかもあるからね。でも、大きさも量も上々ってとこだね」と、にこやかな表情だ。

「まあ、ちょっと食べてみて」と獲れたての透明感のあるサクラエビをいただいた。体長4、5㌢の小さなエビである。4、5匹まとめて口に放り込むと、塩水のしょっぱさの後からじんわりと旨味がやってくる。

その日の漁は一網（一回）だけで6時頃には終わった。出航から漁場に着くまでの間は、ワッパ飯やオニギリで腹ごしらえしたり、居眠りしたりしていた乗組員たちだったが、帰りはそうではなかった。箱詰めされたエビにはブルーシートがかけられ、ときどき水もかけている。

「サクラエビは時間がたつと鮮度が落ちて赤っぽくなっていく。風が直接当たるとダメなもんで、なるべく鮮度を保つようにシートをかぶせ、ときどき冷水をかけているんです」と、漁労長が説明してくれた。

由比港に戻った。箱詰めされたサクラエビはすぐさま計量され、そのほとんどは冷蔵され翌朝6時前からのセリにかけられる。平成24年から、かつてあった〝宵売り〟という制度も復活している。仲買人が獲れたての新鮮なサクラエビを買うことができるようになっているのだという。続々と帰港する船に軽く会釈して港を後にした。

知らずに損した！絶品の漁師料理ヒイラギのはんぺん

由比港漁協の一室で、日焼けして腕っ節の強そうな男たちが無骨な手で5チ《セン》にも満たない小魚の頭を器用にむしり内臓を抜いていた。日頃はサクラエビやシラス漁に出ている由比港漁協の青年部の面々である。むしっているのは地元でエゴナと呼ばれるヒイラギという魚だ。植物のヒイラギの葉っぱのようにヒレがトゲトゲしていることからその名がある。浜名湖で「ネコマタギ」と呼ばれるのも、この魚だ。

「エゴナは、夏場のシラス漁のときシラスと一緒に網に入ってくる魚なんです。シーズン初めの頃は市場に出して、由比や蒲原あたりの地元の仲買人がはんぺんなどの加工用として買うこともあるのですが、まとまった量にならないので、ほとんどが廃棄されているのが現状なんです。もうひとつ、サクラエビ漁の網に入ってくるハダカイワシという小魚がいます。大きくなると焼いたり、煮て食べたり、小さいものは天日干しにしてつくだ煮なんかしてもおいしい。昔は、漁師の家では、すり身にしてツミレ汁や揚げはんぺんにしてよく食べていた。この魚も、だんだん食べられなくなってしまいました」と話すのは、原剛青年部長だ。

ぼくは〝おいしい海ごはんは漁師が一番よく知っている〟と思っている。だから、漁師の家やその地域で当たり前に食べられていた旬のおいしい魚料理が廃れていくのは淋しい。「それは、もったいない」と言うと「そうなんです。少ないとはいえ、ハダカイワシやヒイラギといった雑魚が年間にすれば何トンにもなる。おいしいだけにもったいない」と原さん。

漁業界では、漁獲量が少ない、規格サイズに合わないといった理由などで市場価値が低く、一般には出回らない魚を〝未利用魚〟と呼んでいる。平たく言えば、雑魚、下魚だ。そういう魚は、漁師の家や地元の家庭料理として食べられてきたが、食生活の変化などで、だんだんと食べなくなっているという。結果、ほとんどが捨てられるか、よくて肥料になる運命らしい。ところが昨今、そういう未利用魚が注目されているという。東京あたりでは、産地直送で仕入れた珍しい魚を食べさせる居酒屋がなかなか繁盛しているという話も聞こえてくる。

「由比港漁協でもハダカイワシやヒイラギといった未利用魚を、一般の消費者にも知ってもらい、食べて欲しいと、漁師の家庭料理である揚げはんぺんやツミレ汁の材料になるすり身を商品化しようと試行しているところなんです。漁師の間では〝おいしい〟と食べているものでも、漁師は口下手なもんで、これまであまり宣伝してこなかった。由比もサクラエビやシラスだけではない魚食文化があるんだということを知って欲しいし味わってもらいたい」とは、宮原淳一組合長だ。

未利用魚のすり身事業の中心になって活動しているのが冒頭の漁協の青年部の面々であり、ヒイラギの料理を作ってくれるというので、出かけてきたというわけである。献立は「揚げはんぺんとツミレ汁」だ。関東ではんぺんといえばスケトウダラやサメなどのすり身にヤマイモを混ぜた練り物で白くてふわふわしているが、静岡のはんぺんは、イワシのすり身が代表的で黒っぽい練り物である。イワシのはんぺんはよく食べられるが、ヒイラギのはんぺんは初めてだ。

料理は、下処理が大事だといわれるが、ヒイラギはちびっ子だけに手間がかかる。「ちょっとやってみる?」と教えられるまま、頭をタテにポキッと折ってソロッと頭と身を引っ張ると内臓がするっと抜ける。意外に簡単だけれど、残った身はほんのちょっとで、大勢で食べるとなると「ポキッ、ソロッ」をかなり繰り返さないとならない。「いっそのこと丸ごと使ったらどうなんですか」と言うと「内臓が入ると、練るときに身が結着しづらい。なるべく内臓はきれいに取らないとだめ」と返ってきた。

こういう人海戦術で商品化はできるのだろうか。心配になって尋ねると「骨や内臓と身を分離する機械があって、それを導入する予定」だという。

とにもかくにも、頭と内臓を抜く作業は終了。身をきれいに洗い、フードプロセッサーでペースト状にする。昔なら、浜のお母さんたちがすり鉢でゴリゴリやっていたことだ。ペースト状になったすり身は約2キログラム。それに砂糖200グラム、片栗粉200グラム、卵白200グラム、塩60グラムを加えて練る。あやしげな混ぜ物や添加物は一切なしである。塩を加えることで粘りが出てきて練り物らしくなってきた。

そこにスライスしたタマネギを混ぜ込んではんぺんの形に整える段階あたりから男たちの手つきがあやしくなってきた。形がふぞろいで不恰好である。「普段、料理してます？」、「やらん」。見かねたように海ごはん食べ隊の石垣隊員が、慣れた手つきで、それなりの格好に仕上げた。

ふぞろいながら一応成型されたものを、だいたい50度くらいのお湯にくぐらせると生はんぺんになり、それを油で揚げてヒイラギの揚げはんぺんが出来上がりである。揚げたてをほおばると、ふわっとした食感の後から、じわっと魚の旨味がやってきた。タマネギの甘味もきいていておいしい。ふぞろいも不恰好もご愛嬌ということになってしまった。ヒイラギのツミレ汁にも驚いた。はんぺんに使ったすり身をひと口大にちぎって沸騰した鍋に入れ、後は地元産の甘い麦味噌を溶かしただけである。甘い麦味噌と実に合う。フワフワした食感と、魚の旨味が前面に出てきて揚げはんぺんとは違ったおいしさがある。

由比港漁協では魚食の普及や食育の一環で、未利用魚料理の体験学習もやっている。「子どもたちに、魚のさばき方や料理を体験して食べてもらう。自分たちで作ったという達成感もあるのでしょうが、ぜんぶ残さず食べて帰ってくれます。いまの子どもたちは魚離れというけれど、そうじゃない。おいしいものは遺伝子が覚えているんじゃないかと思ったりもするんです」（宮原組合長）。

「僕ら漁師も、これまでは獲って終わりで、一般の消費者が何を好んでいるかということに対しては無頓着だったかもしれません。これからは、もっと消費者の目線に立った漁業というものを考えていかなくてはならないでしょうね」と、原さんは言った。

これだけ小さな魚だが、頭と内臓をしっかり取る。

沼津
内浦港
UCHIURA
内浦の海ごはん
ふわふわ!
養殖
アジフライ
作ってくれたのは漁協の土屋さん
うちの子どものお弁当リクエストNo1ヨ!
DATA
漁協組合員数 122人
漁船数 248隻
陸揚量 598t
陸揚額 6億6700万円
主な陸揚魚種 マアジ マダイ
アジ同士が接触すると傷ついてしまうので エサは広がるように噴射する
バシャバシャ
手でまく時も広がるように!

ナノリのふりかけ
この辺りの人しか知らないみたい。
黒いナノリの板。焼くと緑に変わる
焼いたナノリとおかかをモミモミまぜたもの
作り方？恥ずかしいから行けないわ〜〜///デンワでいいにしてぇ〜
うずわみそ名人のお母さん
えっ？？
娘さん
ザンネン
お会いできず
ソウダガツオのうずわみそ
きゅうりなどにつけて食べる♪
淡島
養殖場あたりにはボラ、イシダイなど。
自動給餌機
ソーラーパネルで充電
シイラがアジと一緒に泳いでた！
内浦漁協杉山さん
アジの寿司をいろいろ作ったの。食べてみて！
アジだけに
おいしいっ♪3つの味のハーモニー♪アジのキャンディーズですねっ♪
U
T
H
みんな昭和生まれ♪です。
アジ刺身
アジ炙り
アジの押し寿司をワサビの葉で巻いてある

養殖アジのフライはサクッとふんわり、軽やか〜。

手元に昭和10年9月8日の東京朝日新聞のコピーがある。日曜版の写真ニュースで見出しは〈それ行け、大漁だ！　歓声沸く漁村の秋——伊豆内浦村長浜〉。それは、かつて内浦で盛んに行われていた「建切網漁」のルポで、絞られた網の中で沸騰するワラサの群れや、パンツ一枚で獲物を運ぶ小さな子どもたちが活写されている。

駿河湾の最奥部にある内浦湾には黒潮の分流に乗ってマグロやカツオなどが大挙回遊してきた時代があった。建切網漁は、そうした回遊魚を帯状の大網を建て回して仕切りをつくり魚群を浜に追い込んで捕るという勇壮な漁だが、いまはない。

時代は移り、いまの内浦の漁業は、定置網、巻き網、刺し網、そしてタイやマアジ、シマアジ、ハマチなどの養殖漁業である。なかでも養殖マアジの水揚げ高は日本一だ。「戦後間もない頃、真珠の養殖を手がけたこともあってずいぶん羽振りのいい時代もありました。昔から内浦の養殖技術は高かったんです」と話すのは内浦漁協の大沼富久組合長だ。また漁協職員の杉山正憲さんも「カツオ一本釣り漁のエサになるイワシ

養殖アジのフライはサクッとふんわり、軽やか〜。

を生簀で育てて、販売していたこともありました。〝生かす漁業〟〝育てる漁業〟は内浦の得意とするところなんです」と言う。

9月の初旬。内浦港から船に乗って養殖場を見学に行った。養殖場には四角い生簀がいくつかつながっており、送風機のような機械や飼料袋を積んだ漁船が横付けされている。その送風機の筒先から粉状のエサが噴射されると、それまで静かだった生簀がにわかに泡立ち、アジの群れがバチャバチャと姿を現した。「はい、これが餌。魚粉を固めたものでドライペレット（米粒大）」と説明してくれるのは、養殖事業にかかわって30年というベテランの大友康昭さんだ。

養殖魚と聞くと、80年代に騒がれた〝奇形ハマチ〟を思い出し、眉をひそめる向きもあるかもしれない。だが、それは昔の話である。養殖技術は格段に進歩している。99年には「持続的養殖生産確保法」という法律ができて、水質管理が厳しくなり、飼料や薬品の扱いについても厳しい基準がある。

「エサの素性がはっきりしている分、むしろ安全といえるんじゃないでしょうか。養殖アジはいつでも旬で、エサのやりようによっては丸々太って脂の乗ったアジに仕上げることだってできるんです」と大友康昭さん。内浦漁協では、一般の消費者に養殖事業の現場を見て、学んで、食べてもらおうと「漁業探険ツアー（有料）」をやっている。

港に戻ると、漁協の土屋真美さんが養殖アジを料理してくれた。献立はアジフライ。揚げ立てをいただく。アツアツ、ころものサクッ、そしてアジのフワッとした身質の食感がいい。最後に〝私はアジです〟と青魚の旨味がやってくる。揚げ立てはだいたいおいしいのは当たり前だが、土屋さんは、「朝揚げたアジフライを子どもの弁当に詰めてあげて、帰りの弁当箱には尻尾しか残っていない」と言う。「そふ、なんふか」「あふっふぉ」「おいふぃぃい」などと意味不明の海ごはん食べ隊は、食べるのに夢中であった。

内浦湾は〝北限の養殖漁場〟である。九州や四国の養殖魚場に比べて水温が低く、魚の成長が遅い。おまけに内浦湾は初夏から秋にかけて潮の干満による早い潮が流れ、水温が激しく変わる。魚たちにとってはかなり厳しい環境なのだそうだ。だが、それが逆に身のしまったおいしい魚を育てるという。まあ、多少なりとも厳しい環境のほうが、魚もヒトも味わい深くなるということだろう。

杉山さんが携帯電話を取り出し、ある画面を見せてくれた。「内浦湾は潮の流れで水温が激しく変化します。そのため、生簀内の水温データが15分ごとに携帯に送られてくるようになっています。このデータを見ながらエサをやるタイミングなどを調節養殖アジのフライはサクッとふんわり、軽やか〜。

するんです」。そのハイテクぶりにびっくりさせられた。

新鮮な天然アジの叩きを食べると、コリコリと歯ごたえはあるが、少し旨味が不足しているような印象を受けたことがたびたびある。そういう感想を杉山さんに質すと、こう返ってきた。

「天然アジの場合、一晩くらい置いたほうが身が柔らかくなり、塩が身に染みて旨味が出てくると思います。一方、内浦湾の養殖アジは、身はしまっているのだけれど天然に比べて筋肉質というわけではない。ほどほどに柔らかい。味の点でいえば、エサがドライペレットに変わってから、身質、味がよくなっています。ドライペレットを与えた身を顕微鏡で見ると、細胞と脂の並びがきれいで、生餌だと大小のばらつきがあるんです。簡単にいってしまえばドライペレットで育った魚は水っぽくなく、塩っ気がある。適度に身がしまって旨味があるということなんです」

内浦湾の養殖アジは、そのほとんどが活魚として関東方面へ送られる。巨大市場が近いという地の利が〝養殖マアジの水揚げ高日本一〟の理由のひとつだ。「ここの養殖アジはノーブランドですが、東京あたりの料理屋の生簀にアジが泳いでいたら、たぶん、内浦のアジだと思います」と杉山さん。

「だから、アジフライもおいしいけど、生食もいけるんですよ」と、食いしん坊で探究心旺盛な杉山さんは、自ら、活アジを伊豆名産のワサビ葉で包んだ寿司や、炙りアジなどの創作寿司に情熱を燃やしている。

何度か試食させてもらったことがあるが、アジとワサビ葉との出会いも〝地産地消〟で悪くない。ひょっとしたら奈良の柿の葉寿司や富山の鱒寿司に並ぶかもしれないし、ならないかもしれない。でも、そういう情熱を持った人たちが、この国の魚食文化を守り、支えていることだけは確かだ。その寿司も、内浦漁協の直売所で販売を始めたという。百聞は一食にしかず。

ご飯のお供にウヅワ味噌とナノリ

ソウダガツオは漁師など海辺の人たち、あるいは海釣りファンにとっては馴染みのある魚だ。しかし、鮮魚として一般の食卓にのぼることはまずない。その名前を聞くとしたらカツオ節のような加工品「ソウダ節」くらいではないだろうか。魚屋で見かけない理由としては、鮮度の落ちるのが早く傷みやすいことがひとつ挙げられる。足が早いために市場で鮮魚として扱いにくい魚なのだ。〝未利用魚〟扱いである。

ソウダガツオの名前の由来に〈鰹に似たれば〝鰹だそうだ〟といいしを、倒置したる魚名〉（広辞林）というのがある。カツオの仲間だけれど、世間的にはちょっと下に見られる魚である。

ソウダガツオにはヒラソウダとマルソウダと2種類ある。ヒラソウダは体長50～60センチほどで、名前のとおり上から見ると平べったい。このヒラソウダは、生食するととてもおいしい魚で「本ガツオをしのぐ」という声も聞かれる。詳しくは本書の〈ヒラソウダのぶっ叩き〉をご一読あれ。

マルソウダは体長40～50センチくらいで、ヒラソウダに比べて体は細く丸い。生食には不向きとされており、ソウダ節として加工されていることが多い。ソウダ節になるくらいだからいい出汁が出る魚であることには間違いない。内浦では、ヒラソウダを「シブワ」、マルソウダを「ウヅワ」と呼んでおり、昔から、ウヅワを使った〈ウヅワ味噌〉という保存食を作っているという。

内浦漁協の厨房で、直売所でも販売しているウヅワ味噌をキュウリにつけて食べさせてもらった。居酒屋などで食べるモロキューとはまた違う味わいで、甘めな味付けだが、その後にほのかに魚の旨味があっておいしい。「温かいご飯に乗せてもいいし、焼きオニギリにしても味噌の香りがしておいしいですよ。キュウリの代わりにカマボコに付けたり、焼きナスに乗せたりもします」とは、アジフライを作ってくれた土屋真美さんだ。

内浦では一本釣りでウヅワを獲っている。よく獲れるのは夏の終わりから、秋以降。そうやって獲れたウヅワを使い、それぞれの家庭でウヅワ味噌を作るのだという。気になるのは、その作り方である。さて。ここからは〈ウヅワ味噌〉の作り方教室である。後日、内浦漁協から送ってもらったレシピをもとにしてある。用意するのは、ウヅワ1キログラム、味噌1キログラム、砂糖1キログラム。それと青ジソと白ゴマを適宜。

①ウヅワを下処理する。

頭を斜めに削ぎ切りのように落とす。内蔵を出して3枚におろす。2つになった身のハラモの部分を落とす。さらに2つの身の中骨に沿って切り4つにする。このとき中骨はきれいに取り除く。3枚におろしたとき身の中央に縦に走る赤い血の多い部分を血合いというが、ウヅワはこの血合いが多く、これが足の早さの一因で、生臭さも強くなる。そのため血合いもきれいに取り除く。血合いや小骨をきれいに取り除いて、身を三等分くらいに切り分ける。

②ウヅワをおぼろにする。

切り身にした身をフライパンや大きな鍋に入れて火にかけ、中まで火を通す。身に水分があるので油をひかなくても焦げない。火が通ったらフードプロセッサーで細かくおぼろ（ミンチ）状態にする。包丁で細かく叩いてもいい。おぼろは魚の食感が残るぐらいがおいしい。おぼろした身をもう一度火にかけて炒って水気を飛ばす。

③調味料と合わせる。

ウヅワと同量の味噌と砂糖を鍋で火にかけ、混ぜ合わせ、砂糖が溶けてきたら、その中におぼろ状になったウヅワを入れ、なじんできたら、細かく刻んだ青ジソと白ゴマを入れ、火が通ったら出来上がり。味噌と砂糖をのばすのに少し酒を入れてもいい。

「ウヅワ味噌は、それぞれの家庭の味があります。血合いが入ると生臭さが出て嫌だから、きれいに取ってしまう人もあるし、血合いを入れるのが好みという人もいます。それぞれの好みですが。ぼく個人は血合いが入ったほうが旨いと思います」とは、内浦漁協の食いしん坊、杉山正憲さんだ。

内浦のもう一品は「ナノリ」という海藻である。標準和名はカヤモノリで、茅の葉のように見えることから、その名がある。内浦では、冬の寒い時期に採って、乾燥板ノリにする。「ナノリは、ほとんどこの辺りでしか食べないですね。同じ沼津市でも、原辺りまで行くと全然知らない。地域限定のノリです」と杉山さんがいう。

見た目は、細いひも状のノリが絡まりあって1枚の乾燥板ノリになっている。それをフライパンの上で軽く炙ると、鮮やかな緑に変わってくる。そうやって炙ったものをビニールの袋に入れ、オカカを混ぜ、クシャクシャと潰すとナノリのふりかけの出来上がりだ。温かいご飯の上にかけるとプーンと磯の香りがしてき食欲をそそる。ナノリとオカカだけで醤油など入れないけれど、食べるといい具合に塩がきいていておいしい。炙ったものをお椀に入れてお湯を注ぐだけで、磯の香りが増して、贅沢な吸い物に変身する。
こういう地域限定の海ごはんに出会うのも、楽しみというものである。

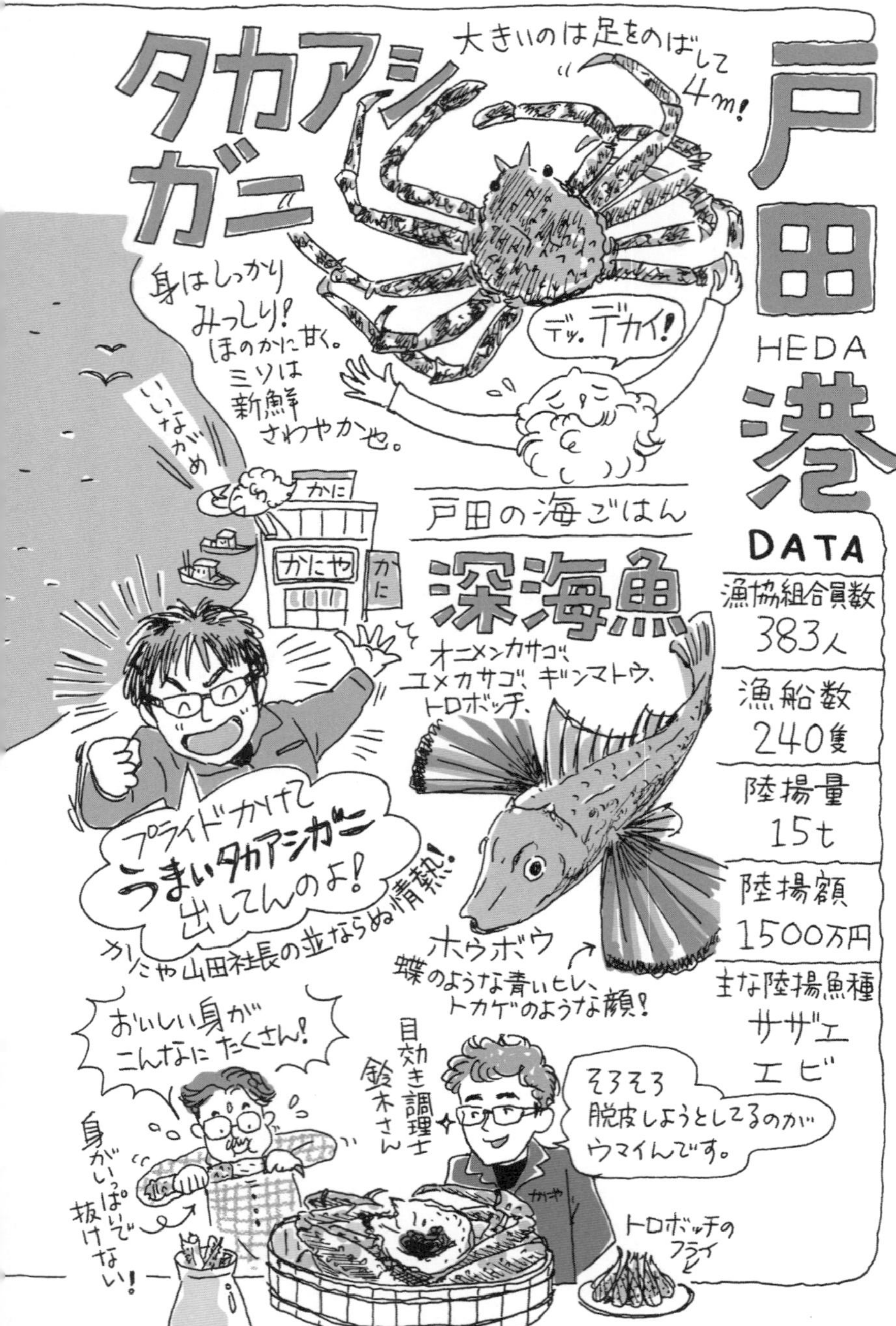
戸田港
HEDA
タカアシガニ
大きいのは足をのばして4m!
身はしっかりみっしり!ほのかに甘く。ミソは新鮮さわやかセ。
デッ。デカイ!
いいながめ
かに
かにや
かに
プライドかけてうまいタカアシガニ出してんのよ!
かにや山田社長の並ならぬ情熱!
戸田の海ごはん
深海魚
オニメンカサゴ、ユメカサゴ、ギンマトウ、トロボッチ、
ホウボウ
蝶のような青いヒレ、トカゲのような顔!
DATA
漁協組合員数
383人
漁船数
240隻
陸揚量
15t
陸揚額
1500万円
主な陸揚魚種
サザエ
エビ
おいしい身がこんなにたくさん!
身がいっぱいで抜けない!
目効き調理士 鈴木さん
そろそろ脱皮しようとしてるのがウマイんです。
トロボッチのフライ

船べりでとれたてのホンエビいただきました!

グロテスクなほどおいしい?!深海魚のお味は…

駿河湾は最深部が２５００メートルある日本で一番深い湾である。日本には、淡水魚も含めると２３００種類以上の魚類が生息するといわれるが、そのうちの約１０００種類の魚類が、駿河湾にいる。アジやイワシ、サバといった馴染みのある魚だけでなく〝深海魚〟と呼ばれる魚が豊富な海でもある。駿河湾の深海魚というとメガマウスやラブカといった科学的好奇心の的になったりするが、昔から、地元の食卓にのぼる深海魚も少なくない。

2月中旬の午後4時過ぎ。西日を浴びながら1隻の船が戸田港に戻ってきた。9月半ばから翌5月半ばまでの漁期に出漁している底曳き網（トロール）船である。午前3時頃に出航し、午後3、4時頃に帰港するのだという。水深１５０〜４５０メートルmの海中に網を入れる底引き網には、どんな魚介類が入るのか、その水揚げ作業を見させてもらった。

水揚げされる魚介類の顔ぶれに、海ごはん食べ隊は面食らった。タカアシガニをのぞいて、名前を知らない面々ばかりだったからだ。「これはなんという名前ですか?」と、いちいち尋ねなければならなかったが、漁師たちはいやな顔ひとつせず教えてくれた。その面々は、タカアシガニ、ミルクガニ(エゾイバラガニ)、アカザエビ、ホンエビなどの甲殻類。アカザエビなどはフレンチの高級食材としても使われ、駿河湾のエビ・カニ類は「いい稼ぎになる」のだという。

さらに、ぎっしり氷が詰められた大きなバケツには、見たことのない魚がいた。その場で確認できたのは、地元でトロボッチ(アオメエソ)と呼ばれる魚やオニメンカサゴ、ユメカサゴといった〝深海魚〟と呼ばれる魚たちだ。深海魚のきちんとした定義はないが〝深海〟とされる水深200メートルより深いところに生息する魚のことを一般的には指す。そういう定義からいえば、美食家を唸らせるキンメダイやアンコウも深海魚に入る。

「戸田で底引き網漁が始まったのは大正時代ですが、タカアシガニやアカザエビ、ボタンエビだけでなく、深海の魚も網に入っていたんです。昔は、むしろ、そういう魚が目的だった。戸田ではもちろんのこと、沼津や富士の田子の浦、清水の一部でも食べられており、いまでも沼津の市場でも流通しているんです。地元消費の魚なんです」

そう話すのは「かにや」の山田隆継さんだ。この店はタカアシガニ料理で知られるが、所有しているトロール船の網に入る深海魚の料理も味わうことができる。戸田には深海魚料理を看板にした食堂もあり、なかなかの繁盛ぶりである。深海魚は、トロール船で獲れることから地元では〝トロ魚〟とも呼ばれている。

「深海魚は、見た目は〝ギョッ〟するのだけど、たいてい見かけがグロテスクなものほどうまい。刺身で食べてもおいしい魚が結構あるんですよ。ただ、全般的に皮が薄いから2日くらいしか持たないんです。それを過ぎるとエグ味が出てしまう。刺身で食べるとなると、その日の午後に揚がった魚は翌日までです。あとは煮たり、焼いたり、揚げたりします。沼津市場に出すときも、風（空気）に当てると身がダレてきてしまうので氷詰めにして鮮度が落ちないようにしなければならないし、真水にさらすのもダメ。なかなか扱いにくい魚でもあるんです」と山田さん。

海ごはん食べ隊は「かにや」で、深海魚料理を食べてみた。

刺身で出てきたオニメンカサゴ、ユメカサゴ、ホウボウは姿造りだ。少しもグロテスクではない…むしろ愛嬌があって可愛い顔をしており、いずれも白身の魚で上品な味わいである。姿造りではないが、ギンマトウ（マトウダイ）も刺身で出てきた。これが、また旨味があっておいしい。魚類図鑑で調べてみると、その姿はなるほど

〝ギョッ〟する風貌ではあったが…。

トロボッチのから揚げもいただいた。沼津の市場などではメヒカリで通っており、港で水揚げされたトロボッチはエメラルドグリーンの目が光っていた。「新鮮なら刺身でもいいし、天ぷらやから揚げにしてもおいしい。個人的には一番好きかな」と山田さん一押しの魚だ。そのから揚げはホクホクと骨まで柔らかく、脂が乗って、まったりした味だ。内臓のほろ苦さはビールに合いそうだ。地元ではヒラキにした状態で冷凍し年間を通して食べたり、干物にもなる。それだけ地元では定番の深海魚といえる。

そのほかにも、戸田にはさまざまな深海魚が水揚げされ、食卓にのぼる。その面々を紹介してみる。

【メギス（ニギス）】オキギスともいう。その姿が沿岸部の浅瀬に棲むキスに似ているが水深200メートルほどの海底に生息。大きくなると25チセンほどになる。白身の魚でクセのない味。新鮮なものは刺身でもいいし、焼き物にしたり、キスのように天ぷらにしても美味。

【アブラゴソ（ヒウチダイ）】水深100～1500メートルに生息。ゴソと呼ばれるハシキンメと2種類ある。キンメダイの仲間で体つきや色がタイに似ている。いずれも新鮮なものは刺身や鮨などで食べられ、脂が乗ってほんのりとした甘味があり、とくにアブラゴソは一級品との声がある。干物にして塩焼きで食べたり、天ぷらにもされる。

【ゲホウ（トウジン）】水深300〜1000メートルに生息し、大きくなると60センチくらいになる。見た目は頭が異様に尖って尻尾のほうが細く少しグロテスクだが、白身の魚で上品な味。刺身や天ぷらで食べられる。

結論。「ヒトも魚も見た目だけで判断しちゃあ、ダメだということなのかな」と食べ隊納得の深海魚であった。

グロテスクなほどおいしい ?! 深海魚のお味は…

夕方港に戻ってきたトロール船。見たことのない深海魚や甲殻類がたくさん入っていた。

タカアシガニはスペシャリストのいる店で食すべし

海ごはん食べ隊はやや緊張していた。

目の前に直径およそ50センチの丸い桶に入ったタカアシガニがドーンと鎮座していたからだ。おまけに長い、蜘蛛のような足がはみ出している。「これ、いくらくらいするのかしら」、「1万5000円～2万円くらいらしいけど」、「うまくなかったら承知せんからね」などと囁く声も震えつつ、食べ隊の手はその細長い足をむんずとつかむのであった。

戸田といえばタカアシガニが名物だということくらいは知っていた。ズワイ、タラバ、毛ガニ、淡水のモクズガニ、沢ガニとカニはいろいろ食べてきたが、このカニは食べたことがない。一番の理由は〝お高い〟からである。かなりハードルの高い海ご飯だが、ここはひとつ奮発して食べに行こうということになり、2月中旬、戸田の「かにや」にやってきたのだ。この店は、光徳丸という自前の漁船でカニを獲ってきて食べさせてくれる。社長の山田隆継さんは「これまで100万匹は触ってきた」というタカアシガニのスペシャリストだ。

タカアシガニは、日本近海の深海に棲み、大きくなると体長が3メートルを超える〝世界最大のカニ〟だ。「かにや」の大きな水槽には、そういう奴がうじゃうじゃうごめいていて、水槽のふちから這い出ようと足を伸ばしている姿はまるでエイリアンである。なるほどクモガニ科に属するだけのことはあって少々コワモテである。

このカニは、そのほとんどが底曳き網漁（トロール）で獲る。底曳き網は、底の部分が海底に接するように仕組まれた網を使って魚介類を獲る漁だ。駿河湾の場合、150〜450メートルくらいの水深に網を入れるのだという。この底曳き網漁の漁期は9月中旬〜5月中旬までの8ヶ月。また、漁場も石廊崎と御前崎を結んだ線（駿河湾）と富士川河口と大瀬崎を結んだ線の内側だけである。現在、戸田8隻、沼津3隻、焼津1隻が、駿河湾内での底引き網漁の許可を持っている。

「親父が底引き網漁をやっていて、子どもの頃からタカアシガニに触っているので、だいたい見ただけで良し悪しが分かります。漁場によっても身質は違ってくる。安倍川の河口付近とか、流域に落葉樹などのいい山があって、栄養分をたっぷり含んだ水が流れ込んでいます。そういうところのカニはやはりおいしいですよ」と山田さんはいう。

戸田がタカアシガニで知られるようになったのは昭和30、40年からだという。それまでは、マグロやカツオを追ってフィリピンやインド洋のほうまで遠征する遠洋漁業が花形だった。それが昭和40年にマリアナで戸田の漁船が遭難し、２００海里問題やオイルショックなどが重なって遠洋漁業が衰退してしまった。そういうこともあって戸田の名物を何か作ろうと、タカアシガニに白羽の矢が立ったというのである。

底引き網漁は「大正の頃からやっており、タカアシガニも獲れていたけど、市場に流通するカニでなかったし、また、正直地元の漁師はあまり食べなかった」と山田さんは話す。

「昔は、このカニは大釜に入れて茹でて食べていたんです。でも、タカアシガニは〝水ガニ〟とも呼ばれるくらいで茹でると水っぽくてうまくないんです。それが昭和30年代に、茹でるのではなく蒸すとおいしいということがわかってきた。昭和40年代から伊豆の観光ブームもあって、戸田にも民宿や旅館がたくさんでき、観光客に食べさせるようになったんです」。

「そうか、茹でるんではなく、このカニは蒸すんだ」と食べ隊一同。

食べ隊は、料理長（タカアシガニ職人）の鈴木康之さんに、その料理法を見せてもらった。

水槽から、チョイスされたカニは大きなタモですくわれ厨房に運ばれる。「このカニのハサミって体の割には小さいけれど挟まれるとかなり痛いんですよ。女の子に思いっきりつねられたくらい痛い」などと冗談を飛ばしながら、カニをひっくり返し腹の部分を見る。「このハカマの部分が汚いほうがいいんです」という。それから包丁で足をぜんぶ切り落とす。それから甲羅をガッと外すとカニミソが姿を現す。「色を見ます。白、黄、黒とランク付けする。白っぽいほどいい」。そうやって解体されたカニは、特製の蒸し器に入れられる。蒸しあがるまでだいたい40分ほどかかる。

待つこと40分。そいつがいま桶のなかだ。まずは足からいく。ボキッと折って、そっと引き抜くと、殻と身の間に隙間などなくみっしり入っている。身はぷりっとしていてまったく水っぽくない。〝大味〟なイメージを持っていたが、それは間違いだった。何もつけないで、そのままパクリとやると濃い味が口中に広がる。甘味もある。

お次はカニミソだが、濃厚な味だ。だいたい毛ガニなどのカニミソはちょっとしか入っていなくて奪い合いになったりするのだけれど、このカニの場合は、たっぷりあるから心配する必要はない。足にゼイタクにミソをつけて食べると、また別の味わいがあった。もうひとつ、タカアシガニの味覚で忘れてならないのが、足の付け根の部分だ。足を〝赤身〟といいその付け根の身を〝白身〟と呼ぶのだそうだが、足とはまた違う、上品な味わいだ。

ただ黙々とカニに取り組みながら「やっぱり3人ではちょっと食べ切れないわ」とため息が出るほどのボリュームでもあった。

「実はね、タカアシガニ料理は、評価の分かれる食べ物なんですよ。珍しいから1回は食べてみようかと来た人がリピーターになるかというと、そうではない。〝高いだけで、まずかった〟という人が結構多いんです。それは、カニの身質を吟味し、蒸しあげる料理人の熟練度の違いなんですよ。バブルの時代だったらまずくてもビジターが次々やってきたから良かったのかもしれないけれど、いまの時代では通用しない」と山田さんはいう。

昔から〝名物にうまいものなし〟といわれる。しかし、そうした風評を払いのけるように真剣勝負を挑んでいる山田さんのようなカニ職人がいることも確かだ。戸田のタカアシガニ料理は、いま大いなる〝脱皮〟の時期なのかもしれない。

生け簀からタカアシガニを選ぶ職人。この選別が難しい。

土肥港
TOI
駿河湾フェリーの発着所。1時間ほどで駿河湾を渡って清水港に着く。
伊豆西海岸では、貝と海藻をよく食べる。
怪獣のみそ汁みたい！
オイシイゾーーッ！
フジツボ
カメノテ
土肥ペンションオーナー 勝呂さん 親子
★土肥ペンション
小土肥
旅人岬
山川
土肥港
土肥
フェリー
釣りもいいよ！
磯遊び大好き!!
一緒に遊びたいわね！
小土肥海岸は砂浜と岩場があるから、海水浴も磯遊びもできる♪
ヤドカリ
カニ
トコブシ
フジツボ
ウニ
ヒトデ
カメノテ
岩ノリは鉄ベラでかきとる。
ぐいぐい
カタッカイ(片っ貝)はマイナスドライバーみたいなのを差し込んでとる。

土肥の海ごはん
ふうわり
やわらか
イソナのみそ汁
かつおぶし、
ねぎ、みょうが
などを混ぜて。
ごはんによく合う!
ねばっ
長くて太くて
はごたえ良し!
ヒジキの
煮物
まん中に茎がなく、
びろ〜んとしている
70〜80cm
初めて見た!
2本の包丁で
トントン切るから
トントンメ。
トントンメ
トントン
ねばー
春先、南風が吹いたら
地元の人たちは
浜遊びに出る

土肥はミネラルたっぷりの海藻天国

ビーチコーミングという遊びがある。海岸の砂浜に打ち上げられた漂着物を収集する遊びのことで、貝殻やサンゴ、流木などが、その対象だ。拾った漂着物は標本にしたり、細工をほどこして楽しむ。

浜辺には、ときどき〝おいしい漂着物〟も打ち上げられる。海藻がそうだ。海辺の人たちは、そういう海藻を拾ったりすることを〝浜遊び〟という。

土肥の町から少し北に行った小土肥（おどい）で「土肥ペンション」を営む勝呂太一さんを訪ねた。「小土肥の浜に打ち上げられるトントンメという海藻があって、おいしいですよ」と聞いたからだ。

「この海藻が浜に上がるのは強い南風が吹く3月〜4月。〝南風が吹いた。それ行くぞ〟って感じでみんな浜に出て、打ち上げられたトントンメを拾うわけです。海の中のものは、漁業権のある漁師さんのものですが、浜に打ち上がった漂着物は、地域に住んでいる人なら漁師でなくてもいただくことができるんです」

土肥はミネラルたっぷりの海藻天国

山に茅場や薪山のような共有林があるように海にも〝前浜〟という共同の浜があるのだという。海の中のトントンメは漁師が船の上から先が二股に分かれた竿（シバネリザオ）でねじって採り、稼ぎとしている。

「トントンメの獲れる頃って、浜も波が高いので主人は危ないというけど、じっとしていられないんです。夢中で拾っているといつの間にか、びしょびしょになってしまっている」と話すのは、勝呂さんのお母さんだ。

トントンメは、土肥での呼び名のようで同じ西伊豆の仁科ではシワメと呼んでいる。標準和名はアントクメといい、壇ノ浦で敗れた平家とともに8歳で入水した安徳天皇に由来している。この海藻は伊豆半島以南の太平洋岸の岩礁域に生息しており、ワカメやコンブの採れない西伊豆では昔から、その代用品として馴染みのある海藻だという。見た目は細長い団扇状で表面がシワシワしている。

「この辺りでは、コンブが採れないから、昔からトントンメをお正月などお祝い事の昆布巻きとして使ってきたんです。コンブに比べて歯ごたえはないけれど柔らかくておいしいんですよ」とお母さん。

海ごはん食べ隊が小土肥を訪ねたのは9月半ば過ぎでトントンメが浜に打ち上げられる季節にはほど遠い。話だけだけか、食べられないのか・・・と思ったがトントンメはちゃんと用意されていた。春に採れたものを冷凍していたのだという。勝呂さんに、その食べ方を教えてもらった。

「浜から拾ってきたトントンメを洗って沸騰した鍋でさっと湯通しすると鮮やかな緑になります。それを引き上げひたすら包丁でトントンと細かく叩く。叩くほど粘りけが出てくる。そうやって細かく叩いたものを醤油やポン酢、出汁つゆで味を調える。あとは青ネギ、ミョウガ、オカカを薬味にして温かいご飯に乗せて食べる。それが土肥では一般的な食べ方です。包丁でトントン叩くからトントンメなんですよ」

「え！名前の由来って包丁トントンだったんだ」、「単純明快」と食べ隊一同。

さっそくいただいてみた。小鉢に入った叩きをぐるぐるかき回すと糸を引くようネバネバが増す。そこに好みの味付けと薬味を入れて、温かいご飯にかけてズルズルッとかき込む。口の中にふわっと磯の香りが広がる。クセのない味で、薬味ととても相性がいい。このヌルヌル、ネバネバ感はメカブやモズクに通じるところがあり、二日酔いなんかで食欲がないときにも良さそうだ。食べ隊が「これはご飯が進む」と何杯もおかわりしたのはいうまでもない。後日、仁科港の漁協直売所に〝乾燥シワメ〟が置いてあった。お湯で戻して使う。酢の物や煮物、おでんの具してもいいようだ。

「土肥の浜で採れる海藻ではほかにヒジキ、テングサ、イソナ（フノリ）があります」と勝呂さんは、ヒジキの煮物とナノリの味噌汁をご馳走してくれた。

「海の中にあるヒジキはちょっと茶色っぽい感じで、漁師たちはそれを鎌で刈るんです。そうやって採ったものを鉄鍋で茹でると酸化して真っ黒になるんです。2時間ほど煮ますが、そのときちょっとした技があって夏みかんなどの柑橘類を輪切りにして鍋に放り込んで一緒に煮る。柑橘類がヒジキを柔らかくするんです。茹で上がったヒジキを天日干しにする。2、3日すると、すぐにからからに乾く。使うときは、それを水で戻して料理します」

「この辺りのヒジキは太くて長いんです」と言われて見ると、確かに目の前のヒジキの煮物はやけに立派だ。食べてみると肉厚でプリプリとした食感があった。

イソナ（標準和名はフノリ）はテングサに似た赤紫の海藻で、西伊豆では西風が吹く冬の終わりから春先にかけて採れる。採ったイソナは茹でてアク抜きした後、天日干しされて市場に出回るのが一般的だ。使うときは水で戻し、刺身のつまや味噌汁の具として食べる。

新潟県魚沼地方で昔からよく食べられている海藻をつなぎにした「へぎ蕎麦」というのがある。独特の風味とツルッとした喉ごしで、なかなかおいしい蕎麦だが、そのつなぎに使われる海藻がイソナだ。

イソナの味噌汁は磯の香りがしておいしい。面白いことに最初はちゃんとした歯ざわりがあるのだが、しばらくするとトロッとした食感に変わる。どうも溶けているようなのだ。実はこの海藻は煮ていくとドロドロした糊状になる。

この糊は昔から漆喰の材料として使われてきた。ほかにも織物の仕上げの糊付けにも使われる。「フノリ（布糊）」の由来はそこにあるようだ。洗髪にも使われ「フノリシャンプー」という商品もある。食べるだけでなく、ケミカルでない自然の素材を暮らしの中に生かしてきた先人の知恵にはほとほと感心させられる。

海藻といえば、コンブ、ワカメ、ヒジキくらいしか思い浮かばない食べ隊。だが、海辺の暮らしには、実に多彩な海藻を食べる文化があることを実感させられる。うらやましくもある。

「この辺りのおばあちゃんたちは、普通に海岸を歩いて拾ってきて、干して保存しておく。ほんの少しでも拾ってきたら、水洗いして天日干する。わたしは山菜採りも大好きなんですが、山のほうの人たちが春になるといそいそと山菜採りに出かけるでしょ。浜辺での海藻拾いもそれに似ていますよ。トントンメを拾っていると、春が来たという感じがします。ただ、昔は浜が真っ黒になるくらいトントンメも拾えたんですが、このところ海の中の様子が変わったのか、あまり採れなくなりました」と、お母さんは少し淋しげだった。

田子港
TAGO
田子の海ごはん
潮かつお
カツオの乾干し塩蔵品。
お正月には縁起の良い食べ物としてお供えされます。
作っているのは西伊豆だけ！
潮かつおを三枚におろす。
生でも日陰常温で一カ月はOK！
「西伊豆しおかつお研究会」会長でもある
5代目 芹沢安久さん
DATA
漁協組合員数 95人
漁船数 588隻
陸揚量 59t
陸揚額 6000万円
主な陸揚魚種 カタクチイワシ スルメイカ
まずはお茶漬けでどうぞ。
塩かつおの焼身をほぐして
しょうがなどお好みで
海苔
ごちそうお茶漬！
パッケージのカッコイイ写真は芹澤さんだ！
西伊豆のしおかつおせんべい
しょぼそうだけど意外にやさしい味。
あっというまに完食〜
やめられないとまらない♪
しおかつおせんべい

4代目
里喜夫さん
手で見て、目で見て
五感でいぶす。
煙の色や火の具合、
覚えるのに三年。
切れるようになる
までに一年かかる。
カビ付け小屋
菌をかけてタルに入れて
湿度を保ち、1ヵ月かけて
カビをつける。
アミノ酸がのってくる
いぶす(焼く)、
ほかす(乾かす)
を10回ぐらい
くり返す。
4ヵ月〜半年で完成。
手間も時間もかけて
かつおぶしは作られる。
手火山式
かつおぶし
奥へ長く続く風情のある作業場。
味わいのある古さに日の光が入って美しかった。
鰹節を作り続けて百数十余年
カネサ鰹節商店

史上最高のわき役！田子のカツオ節

伊豆半島の複雑に入り組んだ海岸線を走っていると〝隠れ里〟とでも呼びたくなるような海辺の集落に迷い込むことがある。たいていが幹線道路から旧道を下った水際に肩を寄せ合うように軒を連ね、古い絵葉書に出てくるような天然の入り江になっていたりする。賀茂郡西伊豆町田子も、そんな港町だ。

国道136号線から田子港へと下っていく坂の途中にカネサ鰹節商店はある。明治15年の創業で、芹沢里喜夫さんは4代目。

正直いうと、静岡県でカツオといえば御前崎や焼津が思い浮かぶし、以前、御前崎のカツオ節工場を訪ねたことがあり、まさか伊豆でカツオ節とは意外であった。

「明治から昭和にかけて田子はカツオ漁が盛んで、同時にカツオ節加工業が栄えたところなんです。昭和初期の頃には、40隻のカツオ船があり、また40軒ものカツオ節工場があった。遠くはフィリピンや小笠原、八丈島のほうまで漁に出ていた。しかし70年代のオイルショックや200海里問題などもあって、田子のカツオ漁はだんだんと衰退していき2年ほど前まで残っていたカツオ船もついになくなりました。それとともにカツオ節工場も、次第に姿を消し、残っているのはウチを入れて3軒のみです。現在は、原料となるカツオは焼津港から仕入れています」

芹沢さんは、工場を案内しながら毛筆で書かれた一枚の木札の前で足を止めた。それには「伊豆国那賀郡丹科郷多具里物部千足調荒堅魚九連一丸」と書かれている。「なんですか？これは」と尋ねると、いまから1300年ほど前の奈良時代の木簡で、平城京跡から出土したもののレプリカなのだという。

「〝多具里（たぐり）〟というのはいまの〝田子〟のことで、奈良時代に朝廷に〝物部千足〟という代官を通して、朝廷に税金として〝荒堅魚〟（あらがつお）を納めていたのです。この荒堅魚というのはカツオを干して固めた物のことなんです。つまり、奈良時代から田子でカツオの加工品が作られていたという証拠です」と芹沢さんが解説する。わざわざ奈良文化財研究所まで足を運んで木簡を調べたのだという。念のためにインターネットで同研究所の木簡データベースを検索したところ同じものがちゃんとあった。

言葉の端々にカツオ節への並々ならない造詣の深さを感じる芹沢さんの話は続く。だんだん民俗学の講義を聴いているような気分になる食べ隊一同。

江戸時代。カツオ節の先進地は薩摩、土佐、紀州であった。伊豆のカツオ節に転機が訪れたのは土佐節製造法が伝わった寛政13年（1801）のことだという。伝えたのは土佐の与一（もともとは紀州の漁師）という人物で、安房の千倉で土佐節を教え、その後、伊豆の安良里にやってきて3年ほど滞在してカツオ節の製造法を指導。燻製法の改良が行われ、長期間の保存がきくようになったという。これが〝伊豆節〟の出発点だ。

土佐の与一直伝のカツオ節作りは、田子においてさらに改良を重ねていくことになる。カビ付けを何度も繰り返してカツオ節を乾燥させる方法が考案された。さらに、ここ田子で、カツオ節をもっとおいしくするために「手火山式燻乾法」という独特の燻乾法を編み出した。この「手火山式燻乾法」というのは、カツオの旨味をカツオ節のなかに閉じ込め燻し乾かす製法で味を凝縮させるのが特徴だという。これによって現在の「伊豆田子節」が確立。この製法は、伊豆全体に広まり、明治に入ると「伊豆節」は、土佐、薩摩と並ぶカツオ節の産地になった。

芹沢さんに、カツオ節ができるまでの行程を教えてもらった。

まずは鮮度のいいカツオを仕入れ、頭切り、身おろし、背びれ切り、四つ切りといった特製の4つの包丁を使い分けてさばく。頭を落とし、はらわたを除く。脂の多い腹部はハラモの燻製になる。はらわたは塩辛の材料になる。カツオ節の材料になる身を三枚におろす。亀節というのがカツオ一尾で2枚。さらに本節をつくるには2枚をさらに半分に切って4本にする。

2〜4枚に割った身は煮籠に入れ、釜の湯で2時間くらい煮る。その後、冷ました身から鱗や骨を抜いて水洗いし、セイロに並べ1時間ほど腐敗を防ぐためにじわじわ燻して乾かす。いったん取り出された身は形を整える「揉みつけ」という作業の後に、本格的な燻製にかかる。地元の山から仕入れたクヌギ、ナラ、サクラの雑木の薪で燻し乾かす。「手火山式燻乾法」は、燻しの臭いがカツオ節にしみこまないようにするためとカツオ本来の旨味と香りを引き出すために1〜2時間ほどじわじわと燻し乾かすのが特徴だ。これを10〜15回繰り返すため1ヶ月ほどかかる

燻乾を終えたものを荒節といい、その表面をきれいに削る作業の後に天日干し作業に入る。天日干しされた荒節に発酵菌を吹きつけ、樽に詰めて温度と湿度が調節された倉庫に保管され20〜25日ほどで一番カビが付着する。それを再び天日干しし、さらに樽詰めして発酵させ二番カビを付ける。これを繰り返して七番カビまで付ける。この行程だけで4ヶ月以上をかけ、やっとカツオ節が完成するのである。しかも、作業のほとんどが手作業だという。カツオ節は実に手間ひまかかった食材なのである。

カネサ鰹節商店の削り節をそのまま味わってみた。まずは香ばしい匂いがふわっとやってくる。口に入れるとしっとりした歯ざわりがあり、旨味が口中に広がる。豆腐大好き人間のぼくは、木綿豆腐をレンジでチンし、その上に削り節を振りかけ、青ネギを刻んだものをぱらっ、醤油をたらっとかけて食べる。豆腐が温かいから削り節の香りが一層引き立つ。閉じ込められていたカツオ節の旨味が一気に解放されて豆腐がご馳走に変身してしまうのだ。

カツオ節の削り節はダシを取ったり、お浸しにかけたり、オニギリの具になったり、たこ焼きにトッピングされたりとても出番は多いが、脇役に甘んじている。だが、この脇役がいないと何か物足りない、駄作になってしまうという存在でもある。削り節を〝オカカ〟という。もともとは宮中あたりの女官言葉らしいが、母親や妻も〝オカカ〟という。まったく根拠はないが〝オカカ〟は、日本の料理のお母さんではないだろうかと思ったりする。

ルーツは奈良時代、歴史ある塩ガツオを守り続ける

カネサ鰹節商店を訪ねたのは正月明けだった。工場に隣接する店舗の入口に掛けてある注連（しめ）飾りに目が止まった。ダイダイやウラジロを添えたものはよく見かけるが、その注連飾りは初めて目にするものだった。4、5キログラムほどのカツオが丸ごと掛かっているのだ。よく見ると生ではなく加工されているようだった。

「このカツオはなんですか」とカネサ鰹節商店の若き後継者である芹沢安久さんに尋ねると「塩ガツオです」と言う。

「いまでは田子あたりにしか残っていない西伊豆の伝統的な郷土食で、同時に、豊漁や航海の安全、種族繁栄をを祈願する神事の供え物として昔から塩ガツオが使われてきたんです。〝正月魚〟とも呼ばれています。かつて、この辺りはカツオ漁が盛んだったこともあり、正月になると漁師の家などでは、神棚に供えたり、注連飾りにして玄関先などに掛けるのが一般的でした。

正月三が日が終わるとお供えした塩ガツオを家族で食べる。また網元（船主）は、

船員にあげたり、仕事始めのとき網元と漁師が一緒に食べることで〝今年もうちで働いてくれるか〟という一種の契約の証としても使われたようです」
と安久さんが解説する。4代目の里喜夫さんに負けず劣らず、カツオへの造詣と愛情が深く「西伊豆にしかない伝統食・塩ガツオを通して地域を元気にしたい」と発足した〈西伊豆しおかつお研究会〉の会長でもある。

ところで塩ガツオとはどんな食べ物なのか。「一言でいえばカツオを塩蔵（塩漬け）にしたもので、新巻ザケ（塩ジャケ）のカツオ版」だと安久さんは言う。

「奈良時代、ここ田子からも税金として〝荒堅魚（あらかたうお）〟が納められていますが、荒堅魚というのはカツオの塩蔵品で、塩ガツオのルーツだと思います。江戸時代、塩ガツオという名前はひんぱんに登場してきます。江戸時代の料理番付というものがあって、人気のメニューのひとつに塩ガツオがあったようです。食べ方としては、おそらく塩ジャケと同じように焼いて食べたりしたのではないでしょうか。ただ、当時は塩を大量に使わず、塩ガツオももっと薄塩だったのではないかと思います。新巻ザケは武家の間の贈答品として使われたり、朝廷への献上品でしたが、塩ガツオは庶民の味だった」

西伊豆でも塩ガツオを作っているところはカネサ鰹節商店を含め3軒しかない。カネサでは11月~翌1月の2ヶ月間で1000本ほどを作っており、需要のほとんどが田子地域だという。安久さんに、塩ガツオの作り方を教えてもらった。

使うのは4キログラムくらいの本ガツオ。まず、カツオのエラや内臓を取る。内臓を抜いたところに塩を詰め、また回りにも塩をまぶす。使う塩は、ミネラル分をたっぷり含んだ粗塩で1尾あたり、だいたい2キログラムほどを使う。塩をしたカツオを漬け込む。そうすると塩が身にしみると同時に発酵も始まる。

また、塩に漬け込んで置くと身から液が出てくる。漬け込んだ後の液は取り置きしておいて、発酵を促すために使ったりするそうだ。取り置きしてある液を嗅いでみたが、ほとんど臭みがない。そのまま2週間漬け込んだら、それを上げて塩をきれいに洗い流し、今度は寒干しといって日陰で3週間ほど干すと塩ガツオの出来上がりだ。魚をさばいて塩漬けにし、乾燥まで1ヶ月以上かかる。

「塩ガツオをつくる時期の西伊豆は、西風が強く吹く季節で、その風を利用して乾燥させます。その風も潮風です。そうしたこともあって、きれいに乾燥するのではないかと思います。田子の気候風土が作り上げた伝統の味なんです」

塩ガツオの味が気になる。

安久さんが「ちょっと食べてみて。塩分濃度20%だから塩辛いですよ」と言いつつ、チーズグレーター（おろし器）で、細かくした身をパラパラと手のひらに落としてくれた。匂いはカツオ節とは違って、少し生臭さがある。食べてみると、確かに塩辛いが、ツンツンと尖った塩辛さではない。意外にまろやかだ。やがて舌の上にカツオの旨味がじんわりと広がる。塩が魚の旨味を引き出している。塩漬けや寒干しによって発酵、熟成され、生やカツオ節とは別の味の世界に到達したのではないか。そんな気がする。伝統的な食べ方は塩ジャケのように薄く切って炙って食べる。ほかには鍋にしたり、サラダに使うこともあるという。

塩ガツオを「手火山式燻乾法」で燻焼きした〝焼き身〟もある。「小さくほぐして、お茶漬けにして食べてみてください」とすすめられ、帰ってから、温かいご飯に刻みノリを散らし、ほぐした焼き身を乗せて、チンチンに沸かした湯を注いだ湯づけで試してみた。独特な魚の匂いが広がる。味は濃厚だ。シャケ茶漬けとは一味違う、個性的な味わいがあった。焼き身は、塩の代わりに調味料として使ったり、吸い物やオニギリの具にもなるそうだ。茹でたうどんに細かくほぐした焼き身を絡めて食べる「西伊豆しおかつおうどん」も商品化している。

「缶詰や冷凍といった技術の発達にともなって魚の塩蔵という保存法は、廃れてきています。全国的にみても北海道のサケの山漬け、新潟（村上市）の塩引きザケ、あるいは石川の巻きブリ、ここ西伊豆の塩ガツオくらいでしょうか」と安久さん。

それはとりもなおさず、その土地の気候風土が生んだ食文化が廃れていくということなのだろうか。

仁科港
NISHINA

水揚げされた"まっ白"なイカは、ピロピロッと電飾のように点滅しながらだんだんと赤味を帯びていく。酸欠によってこんな風になるらしい。形も宇宙人ぽいし、UFOへのSOSのようだ…。
ワレ チキュウニテ イキタエル… シクシク
じっ
目がうちのイヌにそっくり。
食べちゃうけど
うぅ
じっ…
とったイカを干しながら帰ってくる「船上干しイカ」は、潮風でついた自然な塩味なんだよ!
直売所で売ってます
伊豆漁協 山本さん
船上干しイカ

DATA

漁協組合員数
131人

漁船数
131隻

陸揚量
522t

陸揚額
2億400万円

主な陸揚魚種
イカ類
テングサ

仁科の海ごはん
漁協 沖あがり食堂
とろんとしたイカの旨味
イカ様丼
この人が迎えてくれます
ご来店まことにありがとうございます
イカ刺身
たくあんとノリをまぜたごはん
漬けイカ
玉子の黄味
しょうが
ノリ
ノリのみそ汁
玉子
漬けイカ
夕陽丼
イカ刺身
イカス丼
中はウニ色
キモは宇宙人の肌(!?)のようなメタリックシルバー
濃厚な旨味! 日本酒下さい!
仁科はテングサ採りが盛ん。
美しい透明感
TENGUSA
料理人 藤池さん
ところ天
こっちはまろやか。
こっちはちとかたい。
ピーン
とれたてのイカ
1日おいたイカ
出荷!
速い! ここまであっという間。
箱詰め
重さを量る
帰港してすぐ大きさを測って分ける
大きさ目安棒

港の真ん前で営業中、イカ釣り漁の町の絶品丼

「漁師が獲った魚を仲買人が買い、魚屋やスーパーなどの小売りを通して消費者に届くというのが一般的な流通スタイル。しかし、少しずつですが、漁協が直接、消費者を相手にしたビジネスを始めるようになってきた。漁協の直売所や直営の食堂などがそうです」――そんな話を信用漁業協同組合連合会の東出隆蔵専務理事から聞いた。消費者にとっては、新鮮で比較的安い海産物を食べられるというメリットがあり、漁協にとっては消費者の食の嗜好を探るアンテナにもなっているようだ。

10月初旬。海ごはん食べ隊は、夏に西伊豆の仁科港に開業した（平成24年7月）伊豆漁協直営の「沖あがり食堂」にやってきた。もともとある直売所の一角を食堂にしつらえたらしく、縁日の屋台のようなざっくばらんな雰囲気だが、気楽な感じで悪くない。

この食堂の目玉はずばり仁科港に揚がるイカである。

「仁科といえば昔から土肥と並んでテングサ採りの盛んなところで、夏から秋にか

けてはサザエやアワビ、イセエビなど、採貝草を中心にやってきた。イカ漁は昭和になってからです。だから仁科のイカの知名度は低い。そういうイカを宣伝したいというのが食堂を始めるきっかけになりました」というのは伊豆漁協の山本昇孝参事。

仁科の漁船漁業は、カツオが回遊してくる3～5月頃まではでカツオ漁の時期。6月頃からスルメイカ漁が始まり7～9月に最盛期を迎え、だいたい10月一杯まで続く。11月頃から今度はスルメイカに代わってヤリイカ漁が始まり2月一杯くらいまで続くのだという。

イカ漁といえば、夜、集魚灯をこうこうとつけて釣るイメージが強い。漁火を灯したイカ釣り船は、俳句では夏の季語にもなっている。しかし、ここ仁科のイカ漁は「昼イカ」「昼獲り」と呼ばれる昼間の漁だ。朝5、6時に出漁し、午後の昼過ぎには漁を終えて港に戻ってくる。漁場は石廊崎沖から駿河湾の真ん中あたりにある石花海《せのうみ》と呼ばれる水深の浅いところ。釣り方は、たくさんの疑似餌をつけた釣糸を海中に垂らして上下に揺らしながらイカを誘って釣る。

昼過ぎに戻った船から水揚げされたイカはすぐに箱詰めにし東京の築地市場に出荷され、翌朝のセリにかけられるのだという。

たくさん獲れると船の上でさばいて干し、帰港するまでに干物にする〝船上沖干しイカ〟を作ったりもする。味付けは潮風だけという野趣たっぷりの干しイカを食べてみたが、よくあるイカの一夜干しとはちょっと違って生の感覚があり肉厚でうまい。炙って醤油をたらして食べてもいいが、中華料理の五目野菜炒めなどに入れても柔らかくておいしい。

さて。「沖あがり食堂」のイカメニューは〈イカス丼〉、〈イカ様丼〉、〈夕日丼〉の3つ。「ダジャレかよ」、「それもかなりオヤジ度が高い」などと言いたい放題の食べ隊。誰のネーミングなのか、詮索するのはやめにして、とにかくその3つを注文。どういうものが出てくるのか、料理を担当する藤池作男さんにお願いして厨房を覗かせてもらった。

ご飯は酢飯で、細かく刻んだタクアンとオオバ、それにゴマを混ぜ込んである。その酢飯の上に、地ノリの刻んだものを乗せる。ここまでは3つとも同じ。〈イカス丼〉は、細く切ったスルメイカの刺身を乗せ薬味にショウガ、オオバをトッピングしたイカ刺丼。〈イカ様丼〉は、普通のイカ刺とタレに漬け込んだものを2種類ご飯の上に乗せ生卵を落としてある。〈夕日丼〉は、ご飯の上にタレに漬け込んだイカ刺と生卵。西伊豆の夕日を見立てたものだとだいたい想像がつく。

まずはシンプルに〈イカス丼〉を食べてみる。スルメイカの旬は7、8月の夏の盛りで、秋になると身がだんだんと硬くなるというが、柔らかく甘味があってこれはうまい。スルメイカは全国的にも漁獲量が一番多いイカで、日本人にとっては馴染み深い味だ。〈夕日丼〉のタレに漬け込んだイカ刺は、やや濃厚で、生卵にまぶすとさらに濃厚な味わいになる。「タレは?」と藤池さんに尋ねると「それはタレにもナイショ。ハハハ」…それから、こんな話も。

「ここで出すイカは、前の日に獲れたものです。一晩寝かせておいて次の日の朝、仕込む。寝かせる、熟成させることで身が柔らかくなり、実は旨味も出てくるんだよね。マグロも1週間くらい寝かせると旨味が出てくるでしょ。それと同じ」

イカ丼を食べ、仁科港ののどかな風景をぼんやり眺めていると一隻の船が港に戻ってきた。時計を見ると2時少し前。急いで船着場に行ってみると、帰港したイカ釣り船の水揚げが始まっていた。船の水槽から網ですくい上げられたスルメイカは、その場で木製のモノサシで長さを計られカゴに放り込まれている。ときどき漁師に船べりで頭をゴツンと叩かれているイカもいる。「まだ、生きてるからね。イカ同士が噛み合って身に傷がついちゃうから、シメてるんだ」

水揚げ場での作業を見ていた食べ隊がヨダレを垂らさんばかりに見えたのか。「持ってきな」と獲れたてのイカをいただいてしまった。

それを藤池さんが「獲れたては皮むくのに結構手間がかかるんだよね」といいつつ鮮やかな包丁さばきで開いて胴をすっぽり抜くとむっちりした肝が現れる。「おーっ」とため息の食べ隊一同。新鮮な肝はうっすらと銀色の膜に包まれ、弾力があって包丁で切っても崩れない。身のほうはスッスッと包丁を入れて刺身に。輪切りにした肝をプチッと潰して、ちょろっと醤油をたらし、ピカピカの刺身に絡ませていただく。「なぜ、ここに日本酒がないの!?」「これ、裏メニューにあってもいいね」――食べ隊は勝手なことを言いながらイカをみっちり味わった。

たまたま食堂に居合わせた観光客の若いカップルにも獲れたてのイカがふるまわれ「わーっ、うれしい」と舌鼓を打っていた。なんだかいい光景である。

日本語には〝おすそ分け〟というなかなかいい言葉がある。たくさん獲(採)れたら「こんなものですが」と、ご近所にふるまう。地元では「こんなもの」が、他所から来た者にはたいそうなご馳走になったりする。そこから会話も生まれる。漁師と近くなる。漁協の直売所や食堂はもっと増えていい。

港の真ん前で営業中、イカ釣り漁の町の絶品丼

仁科漁港は静かな入り江。イカ釣り船ものどかに見える。

伊豆松崎であい村蔵《くら》ら
松崎港
MATSUZAKI
しょうがやみょうがの甘酢漬け
酢でしめたサンマ
酢めし
レモンでいただく。
サンマ寿司
松崎の海ごはん
天然ものがとれるのは1年で1〜2週間だけ。
川ノリ
すじ青ノリ(海藻)のこと。松崎では「川ノリ」と呼ぶ。
川ノリの養殖にチャレンジ中。『はな・ろま』の内田さん。
くしのような道具でからめとる。
たらい

25人のお母さん達が
オーナー。
明るく生き生き、若々しい！
できることを
やってるのヨ
築150年！
蔵ら
いらっしゃいませ〜
とれたて地元食材
蔵ら店主
青森さん
松崎は海も山も川もあって
食材の種類が豊かなの！
新メニューも
みんなで
考えます。
松崎港
なまこ壁の
家があちこちに。
『川ノリ』は、日本でとれるのは
四万十川、吉野川と　ここ、松崎だけ！
（四国）
★川ノリ：ドレッシング、シフォンケーキ、
カルパッチョのソース、
フリッターなどに使う。
三島から毎年とりにくるの〜。
きれいに洗って、干して、あぶって
食べるのよ。お茶漬とかね〜♪
石にくっついて
流れを
利用して
のびる。
石
川をにごらせないよう、
川下から　とり始める

松崎生まれの希少な川ノリと、お母さんのサンマ寿司

1月中旬。西伊豆の松崎町にある「蔵ら」というレストランを訪ねた。〝年齢を重ねても生きがいを持って働くことに挑戦！〟を合言葉に、町のお母さんたちが中心になって始めたレストランなのだという。店は、築150年以上たつなまこ壁の蔵造りの民家を買い取って改装したもので、重厚で渋い店構えである。店の厨房で料理をつくっているお母さんたちの年齢も重厚で平均して60代後半とか。料理のプロというわけではなく、それぞれの家庭の味が店の味。「蔵ら」は、おふくろの味なのである。海辺の町のおふくろご飯。望むところだ。

海ごはん食べ隊の目当ては、この店の定番料理であるサンマ寿司だ。グループの代表である青森千枝美さんが「サンマ寿司は、伊豆半島では、昔からごく普通に家庭で食べていた押し寿司」だと説明する。

サンマ寿司は、和歌山や三重といった熊野灘沿岸でもよく食べられる郷土料理で紀勢本線の駅弁でも売っている。江戸時代、江戸と上方を結ぶ海上交通は盛んで紀州、

伊豆半島に風待ち港があった。大正の頃までは西伊豆から紀州へとサンマ漁の出稼ぎに行っている。紀州と伊豆のサンマ寿司には、何か歴史的な結びつきがあるのだろうか。あるとしたらとてもロマンではないか。

サンマは秋の味覚を代表する魚だが、いまは冷凍技術が発達して一年を通じて食べられる。サンマ漁は8月頃から北海道沖で始まり、秋の深まりとともに親潮に乗って南下するサンマの群れを追って三陸沖、銚子沖へと漁場が移る。南下とともにサンマは大きく、脂も乗ってくる。ちなみにサンマの水揚げ高を見ると、北海道、宮城、岩手、福島、千葉が上位を占めている。

「西伊豆でも昔はサンマ船がいっぱいあったのですが、いまは安良里の一隻だけです。この店で使うサンマは安良里のサンマ船から水揚げされたものや、あとは宮城県の気仙沼などから仲買人を通して仕入れています」と青森さん。

「サンマは脂の乗る秋から冬にかけて旬ですが、サンマ寿司用は、やはり脂が乗っているほうがおいしい。伊豆半島では昔からサンマの丸干しも作っていますが、丸干し用は脂が多いと〝脂焼け〟してしまうので、脂が乗っていないほうがいいですね」と説明しつつ、サンマ寿司の作り方を教えてくれた。

まずは、サンマを三枚におろし、半身にした状態で2日間甘酢に漬け込む。甘酢の配合を聞くと「それはちょっと企業秘密かな。ふふふ」。それぞれ家庭によって甘酢は違うようだ。また頭から尻尾まで甘酢に漬け込む家庭もあるという。

そうやって漬け込んだサンマの半身を巻き簾（まきす）の上に敷いたラップに腹を上にして乗せる。その上に同じ甘酢に漬けた薄切りショウガをまんべんなく敷き詰める。ショウガの代わりにミョウガの甘酢漬けを使うこともある。それから少し多めの酢飯を乗せて巻き簾でぎゅっと巻き、その後、押し箱に入れて形を整えたら出来上がりだ。

さっそく、ひと口大に切ってあるサンマ寿司をいただく。ピカピカにサンマが光っていて見た目がきれいだ。まずはそのまま頬張ると、サンマに旨味があり、ショウガとのコンビもいい。酢飯もきつくなく、全体的にはやや甘めの上品な味になっている。次に地元産のレモンをぎゅっと絞ってかけて食べると、味がしまってひと味違ったおいしさがある。

「松崎は海あり、川あり、山ありでしょ。旬の食材にはことかかないからメニューには困らないんです。魚だと、それぞれ時期によってサバだったり、イカが揚がったり。ここでは採貝、採草などもやっておりいろんな貝や海藻が手に入ります。山菜も春はアシタバ、フキノトウ、セリ、ワラビ、ゼンマイ、秋はジネンジョ。旬を食べることは健康にもつながりますからね。そういう点では、恵まれた環境ですよ」と青森さん。「自給自足できそうだな」「老後に暮らすのはここかなあ」などと勝手な盛り上がりをみせる食べ隊。

青森さんが「ここは川ノリも有名なんですよ」という。てっきり淡水の川ノリのことだと思ったら、違った。松崎港に注ぐ那賀川と岩科川の河口付近の海水と淡水がまじり合う汽水域だけに育つ〝青ノリ〟のことだった。お好み焼きやたこ焼きなどにふりかける、あのノリである。標準和名はスジアオノリだ。

「関東近県で青ノリを採草して商品化しているのは、おそらく松崎だけだと思います」と話すのは「はな・ろま」という市民団体の伊東直記代表理事だ。〝その地域にあるもので地域を元気にしましょう〟を掲げて地域おこしをやっているこの団体が、目下、取り組んでいるのが「青ノリ」なのだという。

「青ノリで有名なのは四国の四万十川と吉野川で、全国の生産量のほとんどを占めています。ただ、吉野川は養殖で、四万十川の天然ノリもかなり減っているんです。実際に高知を訪ねて、スジアオノリを研究している高知大学の先生に話を伺っているうちに、天然青ノリの減少の一因に温暖化があるらしいことがわかったんです。松崎の青ノリも、いつなくなってしまうかわかりません。そこで、高知大学の先生に協力していただいて川という自然環境に左右されない陸上での養殖にも取り組んでいるんです」と伊東さん。

松崎の青ノリの収穫期は1月～2月の2～3週間ほど。「収穫期に入ったところです」と伊東さんに聞き、ちょうど岩科川に青ノリ採りに出かける「はな・ろま」のスタッフの内田さんたちに同行させてもらった。胴長を履いて川に入った内田さんが、熊手のような道具で川底をさらうと、黒々とした塊が絡まっていた。間近で見ると、細いスジのような海藻だ。嗅いでもほとんど匂いがない。

近くにノリ採りをしていた女の人に声をかけると、松崎出身でいまは三島で暮らしているが、この時期になる故郷の味を食べたくてやってくるのだという。「旬の短いノリなんですよ。採れる時期でもまとまった雨が降ったりすると白っぽくなって香りがなくなっちゃうんです」。「どうやって食べるんですか」。「洗ってから天日干しにして、ホットプレートで軽く炙って、大根おろしと混ぜて食べたりしています」

内田さんに手のひらほどの生ノリをいただいて、家で天日干しを作ってみた。生のノリには砂やゴミが付いているので、何度も何度も洗ってきれいにする。これが大変で、一番手間のかかる作業だった。それをザルに広げて天日干しする。生では匂いのしなかったノリは、カラカラになるとプーンと磯の香りが漂い、色もきれいな緑に変わってきた。乾燥したわずかなノリを軽く炙ってそのまま食べてみると、濃厚な磯の香りが口いっぱいに広がった。

おいしい海ごはんを食べられるのは、それまでの大変な手間ひまがあることを思い知らされた体験でもある。

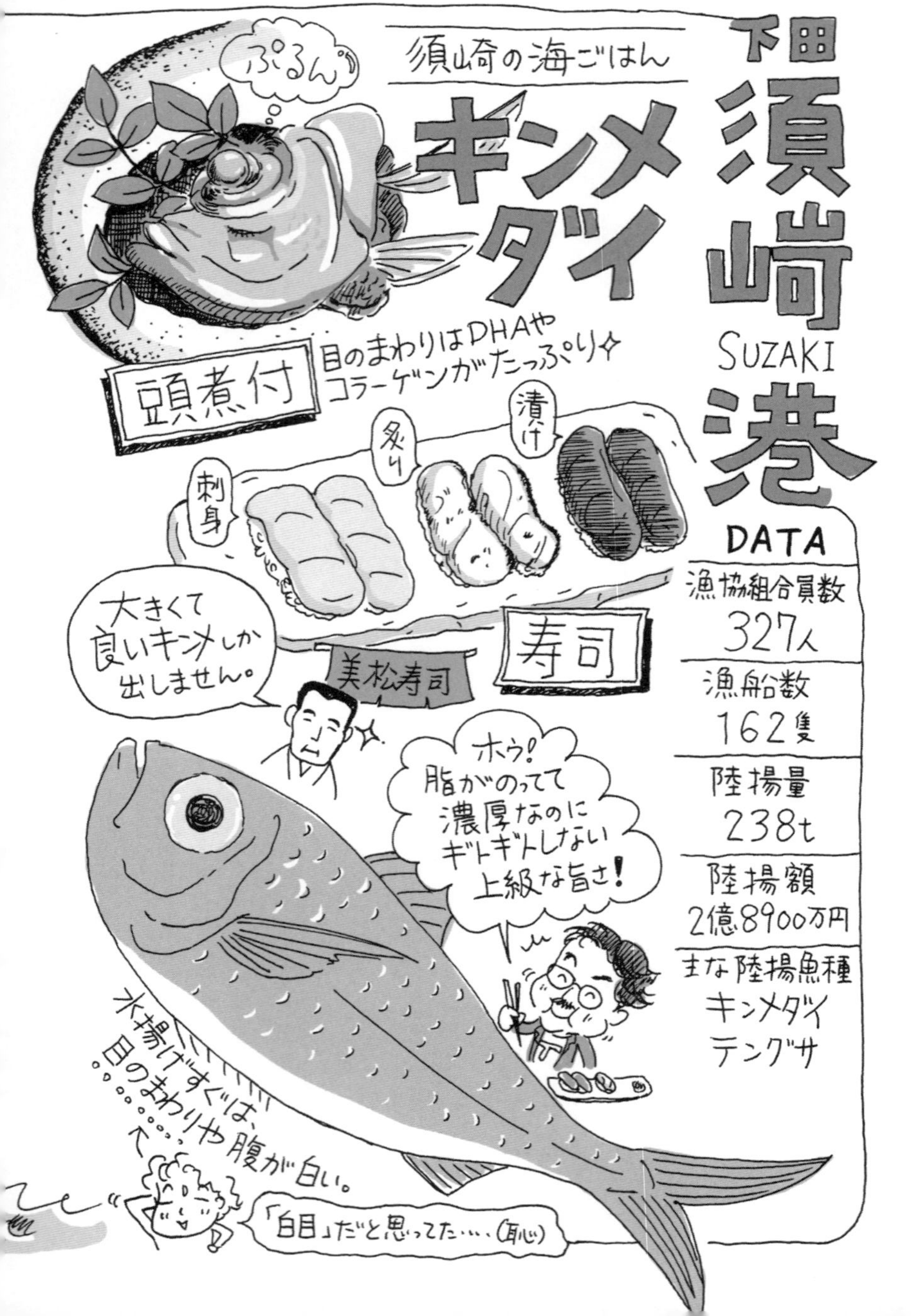

下田
須崎港
SUZAKI
須崎の海ごはん
キンメダイ
ぷるんっ
頭煮付
目のまわりはDHAや
コラーゲンがたっぷり
刺身
炙り
漬け
寿司
美松寿司
大きくて良いキンメしか出しません。
ホウ！脂がのってて濃厚なのにギトギトしない上級な旨さ！
水揚げすぐは、目のまわりや腹が白い。
「白目」だと思ってた…（恥）
DATA
漁協組合員数
327人
漁船数
162隻
陸揚量
238t
陸揚額
2億8900万円
主な陸揚魚種
キンメダイ
テングサ

キンメ漁は日の出とともに始まる。
清徳丸
静岡県はキンメダイの漁獲量日本一！下田や稲取はその中でも1番だ！
長谷川さん
東京の娘にキンメダイを送ってやると娘の会社の人にも大好評でね～♪
伊豆半島
稲取
キンメのまち
下田
須崎
キンメダイは深海魚。水深200～800mにいる。
須崎はカジキの『突きん棒漁《つきんぼ》』の拠点でもある。
やあっ！と

高級地キンメは、漁師の腕がすべての一本釣り

年も押し詰まったある日の午後4時半すぎ。西日を浴びて「清徳丸」が下田の須崎港に帰ってきた。ほかの船はとっくに漁を終えて帰港しているらしく水揚げ場に人影はない。

岸壁に横付けされた船から「いやあ、待たせちゃって悪いな」と言いながら下りてきたのは船主の長谷川一夫さん。漁師歴40年以上のベテランだ。

「ずいぶん粘りましたねえ」「ここんところ潮が悪くてなかなか釣れないから、今日は粘ったよ。獲れれば2時頃までには帰ってきて市場に出すのだけれど、もう市場が閉まっているから家に持って帰って、明日のセリに出す」と言いながら、船から水槽を降ろした。その中には、頭から尻尾の先まで赤く、大きな金色の目をしたキンメダイが何十匹か入っていた。「やっぱり目が金色なんですねえ」と言うと「釣りたては目の縁が白いんだ」と教えられ、よく見ると目の縁が白かった。

キンメダイは100～800メートルの深海に生息する魚で世界中の海にいるが、

関東でキンメといえば伊豆の名前が出る。なかでも東伊豆の下田や稲取の〝地キンメ〟は鮮度、旨さにおいて評価が高くブランド化しているという。東伊豆の地キンメというのは、相模湾の沿岸で獲れるキンメのことで〝日戻りキンメ〟とも呼ばれる。翌朝出漁し、その日のうちに戻るからだ。その日の午後に水揚げされたキンメは、翌朝には築地や横浜の市場にも並ぶ。

キンメ漁は、たて縄漁という漁法で、一本釣りだ。一本の幹縄に釣バリのついた何十本もの枝縄をつけて海中に下ろして釣る。狙う相手が深海魚だけに漁師の腕が釣果を左右する漁だという。資源保護のために網によるキンメ漁は伊豆では禁止されている。基本的には土曜日の休漁日以外は年間を通して漁はできるが、夜釣りは禁止だ。

「キンメ漁は日の出が勝負なんだ。縄を入れる時間は決められていて冬場は6時、夏場は4時。つまりちょうど日が昇る頃。漁場は港からだいたい1時間前後だから、冬場だと朝4時頃には家を出る。これが夏場だと2時頃。冬場は寒いけど身体的には、夏より冬のほうが楽だな」と長谷川さん。

キンメダイの旬について聞くと「12月以降の脂が乗ってくる冬場から5、6月の産卵前だろうね。産卵前は脂が乗っていることもあるけど、実は白子（精巣）とか、肝も旨い。鍋にしてもいいし、さっと湯引きしてポン酢で食べると旨いんだ。獲れたてのキンメは捨てるところがない」という長谷川さんの話を聞きながら、うらやましい限りだが、その辺りは漁師の特権とでもしておこう。

長谷川さんは、獲ってきたばかりのキンメを目の前でさばきながら説明する。

「ほら、身が全体的に白っぽいでしょう。つまり全身に脂が乗っている。実は、八丈島あたりでまで出かけて行って獲る〝沖キンメ〟というのがある。釣り方も同じで、見た目も同じ。でも、さばいてみると身がどちらかというと赤身がかっている。脂の乗りがいまいち悪い。それがなぜだかは俺らにもはっきり分からない。海が違うとしかいえない」

目の前で獲れたてのキンメをさばかれては、こっちとしては、おあずけを食らったポチ状態である。

というわけで、下田の寿司屋「美松」の暖簾をくぐった。幹線道路から外れた路地の一角にある。人目につきにくい店だが、経験からいえば、おいしいものは路地裏にある。以前、地元の食通にすすめられて食べた地キンメの寿司の味が忘れられない。美松は昭和11年開業で、現在のご主人の植松幹男さんは3代目である。

さっそく、植松さんにキンメを握ってもらった。出てきたキンメ寿司は3種類。まずは生のニギリ。見た目は色白美人がポッと頬を染めたような感じだが、パクッとやると、「あら、そういう人だったのね」というくらいな濃厚な旨味がやってくる。脂が乗っているのだが、ギトギトした下品さがない。もうひとつは軽く炙ってあら塩をぱらっと振ってあってキンメの甘味を引き出している。最後のヅケ（漬け）も、素材の味を消さないように漬け置きしていないというだけあって後味のいい寿司だ。

キンメのカブト煮もいただいた。魚の部位でおいしいといわれる頬肉をほじり、ゼラチンでプルプルした目の周りをしゃぶった。くたびれた魚を砂糖や醤油でごまかしたベトベトした味ではない。さっぱりと上品な味わいだ。口の中で目玉を転がしていると、子どもの頃の懐かしい舌の記憶がよみがえってきた。

おあずけを食ったポチ状態から解放され、植松さんに地キンメの話を聞いた。地元を代表する食材だけあって植松さんのこだわりはハンパではない。

「だいたい1.5キログラム超えの新鮮な地キンメを仕入れます。それから3～4日冷蔵庫で寝かせる。熟成させるんです。だから、キンメに関してはあえてトレトレを売りにしているわけではないのです。熟成させることでより脂が乗ってきて、キンメの旨味が出てくる。キンメの脂はしつこくなく上品です。バチマグロ（ミナミマグロ）のトロなんかは2カンも食べれば飽きるけど、地キンメは何個でもいける」

東伊豆の地キンメは、いまや高級魚となっているが、「昔は、下司な魚だった。好んで食べられる魚ではなかったんです。脂がくどすぎるという理由からです。江戸時代、寿司のネタでマグロのトロより赤身が好まれたのと同じです」と植松さん。時代の変化というものはなんとも恐ろしい。

高級地キンメは、漁師の腕がすべての一本釣り

須崎港に帰ってきた清徳丸

富戸港
FUTO
夏のある日
日替り!
ジオ丼
生シラス
アジ
シイラ
ヒラマサ
イナダ
その日にとれた魚がのる。
オーイ
岩ツバメ ビュンビュン
城ケ崎を水面から見上げる迫力!
ジオ
"地球の胎動"を感じるぜ!
定置網を見に行くなら城ケ崎回ってこうか!
ヤッホー
ラッキー!
日吉さん
DATA
漁協組合員数 40人
漁船数 29隻
陸揚量 244t
陸揚額 8,800万円
主な陸揚魚種 ブリ、サバ、アジ、イカ
魚は夜になると谷に沿って浅い方へ移動。朝になると深い方へもどる。その習性を利用する。
富戸港
網目が大きく、魚は出たり入ったり。
運動場
網目が小さい。ここだけ揚げ、タモなどで魚をすくう。
箱網

伊東
波魚波《はとば》
ソウダガツオのぶったたき
新鮮！
漁師から受けとった魚をいつどう出せば一番旨いか見きわめる✧
桑原さん
まご《さしみ》茶漬
ヌ・ーヌン揚げ
え〜っ、マンボウのお刺身!?
ドカーン!
4000年前大室山が噴火してできたのが、富戸や城ヶ崎の地形。急深な地形のおかげで、港からすぐ近くに定置網を仕掛けられる。
おーい
第二温泉丸
なんと富戸港には温泉があるのだ！
ダイバーや漁師に大人気。みんなジオパワー満喫！
富戸は日本のダイビング発祥の地でもある。

漁協直営！伊東で味わう本物の漁師めし

伊東港にほど近い国道135号沿いに、いとう漁協直営の食堂「漁師めしや波魚波（はとば）」がある。〝漁師めし〟という言葉の響きにそそられて訪ねたのは7月下旬のことだ。店では観光客らしい家族連れなどが魚料理に舌鼓を打っていた。

平成22年に開業した「波魚波」だが、そのコンセプトは〝漁協所有の定置網の朝獲れ新鮮地魚の提供〟〝伊豆の地魚を漁協直営店で味わう〟である。富戸の定置網で獲れた魚も、ここで食べることができる。店長の桑原智宏さんは、こう話す。

「伊東魚市場には年間およそ100種類もの魚が水揚げされます。その中には市場に出回りにくい〝未利用魚〟も結構ある。量やサイズがそろわなくて買い手がつかない魚や、食べるとおいしいけれど見た目がグロテスクだったり、足が早く鮮魚店には並ばないような魚もあります。こうした魚には食べるとおいしいものが多い。『波魚波』ではそういう〝未利用魚〟を積極的に使っているんです」

波魚波では、毎朝、仕入れ担当でもある桑原店長が伊東魚市場から、その日に使う魚を吟味して仕入れる。メニューもその日の水揚げ内容で決まってくる。季節によって獲れる魚は違ってくるし、海が時化たら漁のないときもある。魚次第なのだ。逆にいえば、それだけ旬で活きのいい地魚を食べられるということなのである。

この店のおすすめ「ジオ丼定食」をいただいてみた。伊豆半島ジオパーク構想の〝ジオ〟と〝地魚〟をかけた海鮮丼でヒラマサ、イナダ、アジ、シイラ、生シラスなど数種類の刺身が乗っかっている。その中に、気になる魚の叩きがあった。

「ヒラソウダ（カツオ）のぶっ叩きです。この店の自慢の一品で、東京などからやってこられる魚通のお客さんなんかに〝これ何？うまいね〟と受けがいいんですよ」と桑原さん。

ソウダガツオと聞くとソウダ節くらいしか思い浮かばないという向きも多いはずだ。ソウダにはヒラソウダとマルソウダの2種類ある。

「マルソウダは、赤身だが血合いが多くて鮮度落ちが早く、生食には不向きで、ソウダ節に使われることが多い。ヒラソウダも本カツオに比べたら足の早い魚で、地元でも鮮魚として仕入れるのは、この店やごく一部の魚屋くらいではないでしょうか。鮮度落ちが早いから、あまり扱いたがらない。でも、新鮮なうちに刺身（叩き）で食べると旨味があって本当においしい魚です。ソウダ節になるくらいいい出汁が出る魚だからまずいわけがないんです」

ヒラソウダがよく獲れる時期は7月～11月頃で、寒くなるほど脂が乗ってきて旨味が増すという。

そんなヒラソウダのおいしい食べ方のひとつが叩きだが、ただの叩きではなく、ひと味工夫してあり、地元ならではの漁師めしになっている。

作り方は、3枚におろし皮を引いて刺身状態にしたものを包丁で細かく叩くが、ネギトロほど身を潰さず若干食感が残るくらいまででとどめる。そこに青トウガラシを細かく刻んだものを混ぜ合わせる。青トウガラシは50、60㌢ほどのヒラソウダ1尾に対して4、5個くらい使うのだという。

ヒラソウダの塩焼きは食べたことがあるが、生で食べるのは初めてだ。これがかけ値なしに旨い。じわっと甘味がやってきて、その後に青トウガラシのピリッとした辛味が追いかけてくる。「これはビールでしょ」「冷酒でもいいなあ」とウキウキの海ごはん食べ隊。これが〝未利用魚〟扱いだというのだから、何とももったいない気がした。

波魚波のメニューにはないが、桑原さんが〝まご茶漬け〟という漁師めしを出してくれた。名前の由来は、忙しい船の上では〝まごまご〟していられないの〝まご〟なのだという。漁師めしには擬音、擬態語が多くてつくづく面白い。

「どんな魚でもいいですが、その季節に獲れた魚を刺身などで食べ、その残りをご飯に乗せて、熱いお湯をかけて食べる魚のお茶漬けです。もともと漁師が船の上で漁と漁の間に腹ごしらえのためにささっと食べていた。忙しい船上でかき込むのにいい。新鮮な刺身や叩いた魚をご飯の上に乗せ、それからちんちんに沸いたお湯を注ぎ、醤油をたらしたら出来上がり」と桑原さん。

温かい白いご飯の上に先のヒラソウダの叩きなどを乗せ、その上からお湯をかけると、魚の色が変わる。そこに醤油をたらし、ズルズルとかき込む。魚の風味がフワッと広がり、刺身とはまた違う味を楽しめる。同じ魚が二度おいしい。

桑原さんにまご茶漬けをおいしく食べるコツを尋ねると「沸騰したお湯。それだけ。湯がぬるいと魚の生臭さが出てしまっておいしくない。出汁もいらない。魚から十分旨味が出ますから」

伊東には、魚を使った「チンチン揚げ」という伝統的な家庭料理がある。

魚が大量に獲れたりすると、漁師は近所の人たちにおすそ分けした。市場に出なかった魚が地域の食卓にのぼる。それぞれの家庭ではもらった魚をすり鉢ですり身にして味付けし、千切りにしたニンジンやゴボウなどの野菜を入れ、豆腐をつなぎに団子にして油で揚げる。それがチンチン揚げだ。鍋の油が〝チンチン〟と跳ねるからチンチン揚げである。またしても・・・である。それぞれ家庭の味があるのも、この料理だという。

波魚波のチンチン揚げをいただいた。その日はサバのすり身を揚げたもので話を聞いたり、写真を撮ったり〝まごまご〟しているうちに少し冷めてしまったが、魚と野菜がいい感じで合体したおいしい団子だった。

いとう漁協では「骨肉分離機」というハイテク機器を導入し、店頭にはあまり並ばないようなシイラ、イサキといった〝未利用魚〟を鮮度の高いうちにすり身に加工して、魚食の普及と販路を広げる事業にも取り組んでいるのだという。

昭和40年頃まで１００％を超えていた日本の魚介類の自給率はいまは60％ほどである。〝まごまご〟していると・・・。

【隊長漁に出る！】その二
これぞ21世紀型漁業！日本一沿岸に近い定置網

11月の初旬の朝4時、ぼくは伊東市富戸の港にいた。「漁を見に来ないかい。5時に出漁だ」と、定置網漁師で、いとう漁協の代表専務理事でもある日吉直人さんから誘いがあり、ネジリハチマキでやって来たのだ。相模湾に面した小さな港は、まだ真っ暗で、空を見上げると満天の星空で北斗七星やオリオン座がくっきり見える。風はなく、波音も穏やかだ。登山用の雨具と長靴といういでたちでやってきたのだが、思いのほか温かい。

4時半。まだ港は真っ暗で静まり返っている。「日時を間違えたんだろうか」と、少々不安になり始めた頃に、ヘッドライトとともにポツポツと人が集まってきて漁協の建物に明かりがついた。暗がりから聞き覚えのある日吉さんの声がしてホッとした。水揚げ場には10人ほどの海の男たちが雑談しながら出漁を待っている。5時前。クレーンのついた運搬船の水槽に大量の氷が投入され、男たちは2隻の船に分乗し、未明の海にいざ出漁。――といっても漁場は船で数分もかからない目と鼻の先だ。

「大型定置網では、富戸はおそらく日本でも沿岸に一番近い網じゃないでしょうか。漁業法で網を建てる水深は27m以上となっているのだけれど、ここは急深で、岸から400～500メートルのところに網があり一番近いところで水深65メートル、遠いところでも90メートルあるんです」と日吉さんはいう。

定置網漁は、産卵のためやエサを求めて回遊する魚の通り道に、岸から沖に向けて垣根状や袋状の網を張り巡らせておき、魚群をこの網の中に導き入れて獲る漁法だ。

「定置網漁は400年の歴史があるんです。加賀に前田利家という戦国武将がいたでしょ。その前田利家に富山湾の定置網で捕れたブリを献上したという古文書があるほど」と日吉さんが説明する。静岡県内の大型定置網は16ヶ統（所）あるが、そのうち12ヶ統が〝定置網銀座〟と呼ばれる相模湾に面した東伊豆にあり、富戸もそのひとつだ。

「それにしても朝が早いんですね」と尋ねると「定置網漁は〝朝日が昇らないと魚はいない〟といわれる。魚は、夜、自分より大きな魚に食べられないよう身を守るために、浅い岸に寄ってくる。日が昇ると、今度はサラリーマンが出勤するみたいに沖へと出て行く。そういう魚の習性を利用したのが定置網なんです」という。人間の都合ではなく魚まかせの漁だから未明の出漁ということになるらしいのだ。

船上では、早くも長い竹竿の先についた鉤でブイにつながれた網のロープを引き上げウインチにつなぐ作業が始まっていた。ウインチが重々しく回転を始め、少し離れたところにいる船との間で網が起こされていく。巻き上げから10数分後、投光器に照らされた網の中に一番最初に姿を現したのがシイラの群れだった。シイラは南方系の魚で特徴的な額を持ち、大きくなると2mほどにもなる。西日本では馴染みのある魚で刺身、ムニエル、フライでよく食べられる。

網の中を逃げまどう魚の群れの間をゆらゆらと浮かび上がってくる珍客が目に入った。大きな団扇のような体の後方に上下に突き出したヒレ、つぶらな瞳、可愛らしいおちょぼ口——まぎれもなくマンボウであった。図鑑や水族館では目にはしても海の中を泳ぐ姿は初めてだ。カメラのファインダーで追い続けたが、あっという間に手鉤で船上に引き上げられ、漁師の鮮やかな出刃さばきで解体された。マンボウは特別待遇という感じだったが、漁はまだ続いている。

2隻の船が3、4mほどのところまで近づくと網は魚で沸き立った。そこに大きなタモが入れられ、運搬船の水槽へ。「今日は2トンほどで、魚種は20種類くらいかな。今日は少ないほうで、20トンくらい獲れるときもありますよ」と日吉さん。あとで獲れた魚種を確認できたのは、シイラ、サバ、アジ、カンパチ、ソウダガツオ、カマス、イシダイ、イシガキダイ、カワハギ、ヤリイカ、それと先のマンボウ。ネコザメも一匹入ったが、こいつは後で海に放免された。

5時半過ぎ。東の空が白々としてきた頃に漁を終え港に戻ると、堤防に10数人のオジサンやオバサンたちがバケツをぶら下げて待っていた。「あの人たちは？」「近所の一般の人や民宿の人や地元の仲買人です」。水揚げされた魚に群がるように、それぞれ欲しい魚を選んでバケツに放り込んでいる。それを水揚げ場に持っていき、重さをはかり、魚種によって決められた値段のお金を払って持ち帰っていく。残った大半の魚はいとう漁協の運搬車に積み込まれ伊東漁港へと運ばれていった。

日吉さんに、漁の感想を尋ねられ「興奮しました。魚種の多さにも驚きましたね。漁師にとってはどうなんでしょうか」と返すと「やっぱり面白いですよ。季節によって、だいたいどんな魚が入っているかは想像つくのだけれど、網を起こしてみなければ分からないワクワク感がある。30～80kgのマグロが680本入ったこともあるし、まったくダメなときもある」。

定置網漁は〝待ちの漁〟ともいわれ、魚群探知機などを使って、狙う魚を大量に獲る近代的な漁法からすると効率の悪い漁といわれた時代があった。しかし、海洋資源の大切さが叫ばれている昨今、魚を根こそぎ獲ることのない資源管理型漁業、省エネ漁業として、定置網漁は再び脚光を浴び始めているという。「網にかかる魚はほんの5〜20％。それに定置網は人工的な漁礁でもあるんです。網に海藻が付着して、プランクトンが豊富にわき小魚が寄ってくれれば、それをエサにする大きな魚も寄ってくる。獲るだけでなく、魚を育ててもいる。一網打尽ではなく持続的な漁法なんです」と、日吉さんは力を込める。

帰りに、「食べてみて」と発泡スチロールのトロ箱を日吉さんが持ってきた。フタを開けてみると氷の中にカマス、ソウダガツオ、ヤリイカがどさっと入っている。その中に乳白色をした塊。「ひょっとしてアレですか？」「そう、マンボウ。包丁は使わないで、筋に沿って裂くようにして、酢味噌で食べてみて」。ほとんどが地元でしか食べることのできないない希少な魚だ。

酢味噌で刺身で食べてみると「酢味噌で」という言葉の意味が分かった。肉そのものには、ほとんど味がないのだ。その歯ごたえはイカともトウフともつかない不思議な食感。肝合えの刺身は絶品だというが、肝はなかった。「百ひろ」と呼ばれる長い腸は焼いて食べると臭みのないホルモンみたいで絶品だというが腸もなかった。しかし、マンボウを食べたという実感は十分にあった。

マンボウは割と冬場に獲れる魚で、実は、いとう漁協直営の食堂「波魚波」では、冬場にマンボウを味わえる。また、波魚波ではマンボウ料理の新メニューも登場。「これまで皮の部分は捨てていたのですが、サメ肌の皮下にあるゼラチン層をこそぎ取って、湯がいたのちに1日ほど冷蔵庫で冷ますとくず餅みたいになるんです。それを黄な粉や黒蜜で食べる。臭みなどまったくないコラーゲンたっぷりのスイーツです」と、桑原智宏店長が教えてくれた。題して、ナタデココならぬ「マンボウココ」。身も内臓も、皮まで捨てることなくしゃぶり尽くされるマンボウは、ある意味、幸せな魚といえる。

定置網に入ってきたマンボウ。地元の人でなければ味わえない珍味だ。

エピローグ

日本人の〝魚離れ〟がいわれている。平成19年には魚介類と肉類の1人1日当たりの摂取量が逆転（厚生労働省・国民栄養調査）。若年層ほど「魚より肉」で、魚嫌いの理由には「骨がある」「食べるのが面倒」「臭いが嫌い」などがあるという。一方で、週末の回転寿司屋などは子ども連れで賑わい、マグロやサーモン、イクラをパクついている子どもたちがいる。大人は大人で「〇〇サバ」、「××アジ」といったブランド魚が好きだ。日本人は、決して魚嫌いになったわけではない気がする。

海ごはん食べ隊は、県内の15の漁港を歩き、40品以上の海ごはんを食べた。馴染みのある魚から、市場では敬遠される〝未利用魚〟まで。その地域に伝わる郷土料理から、ざっかけな漁師めしまで味わった。ほとんどが、沿岸や沖合いでたくさん獲れる魚だ。考えてみれば、高値で売れる魚を漁師がバクバク喰っていたら商売にならない。たくさん獲れる魚をいかにおいしく料理して食べるか。知恵と工夫で、海辺の魚食文化は連綿と続いてきたのではないだろうか。
今回、何人もの漁師に会い、漁の船にも乗せてもらった。正直、漁師というと荒っぽくて無口でとっつきにくい印象があった。だが、実際に話してみると親切で、意外におしゃべりだった。何より漁師という仕事が好きで、誇りを持っている。そして熱い。「魚を獲ったら、おしまいではなく、これからはもっと消費者の目線に立った漁業を目指さないと」といった話も聞かれた。

漁協関係者も、結構頑張っている。まだ数は少ないが、活きのいい魚を手頃な値段で食べられる漁協直営の食堂や、直売所があり、賑わっている。朝市、漁業体験ツアー、子どもの体験学習、料理教室をやっている漁協もある。米国サンフランシスコのフィッシャーマンズワーフとまではいかなくても、日本版の〝漁師の波止場〟が増えたら、海辺はもっとおいしく楽しくなるはずだ。

最後に、本書の取材・執筆にあたってアドバイスをいただいた静岡県信用漁業協同組合連合会専務理事の東出隆蔵さん、静岡県経済産業部水産業局水産振興課課長の川嶋尚正さん、東海大学海洋学部准教授の関いずみさん、ＮＰＯ法人はまなこ里海の会事務局長窪田茂樹さん他、取材にご協力いただいた皆さまにこの場を借りて、お礼を申し上げたい。また、長丁場の取材・執筆に根気強くお付き合いいただいた編集担当の石垣詩野さんに感謝します。

H25年5月

海ごはん食べ隊隊長　高橋秀樹

【参考文献】
『聞き書静岡の食事』（農山漁村文化協会）『秘伝おふくろの味』（静岡新聞社）
『静岡県海の民俗誌―黒潮文化論―』（静岡県民俗芸能研究会）『浜名湖海苔の歴史』
（舞阪郷土史研究会）『豆州内浦漁民史料と内浦の漁業』（沼津市歴史民俗資料館）

【イラスト参考資料】
ふじのくに静岡県公式ホームページ内　平成20年度漁港の統計（概要）より抜粋

しずおか　港町の海ごはん

2013年6月24日初版第1刷発行

著　　者　高橋秀樹
　絵　　　利根川初美
発 行 者　大石剛
発 行 所　静岡新聞社
〒422-8033 静岡市駿河区登呂3丁目1番1号
印刷・製本　図書印刷

●乱丁・落丁本はお取り替えいたします
●定価はカバーに表示してあります

ISBN978-4-7838-0770-4
C0076